# Se Nietzsche
# Fosse um Narval

# Se Nietzsche Fosse um Narval

**O que a INTELIGÊNCIA ANIMAL revela sobre A ESTUPIDEZ HUMANA**

JUSTIN GREGG

ALTA BOOKS
GRUPO EDITORIAL
Rio de Janeiro, 2023

# Se Nietzsche Fosse um Narval

Copyright © 2023 ALTA CULT
ALTA CULT é um selo da EDITORA ALTA BOOKS do Grupo Editorial Alta Books (Starlin Alta e Consultoria Ltda.)
Copyright © 2022 JUSTIN GREGG
ISBN: 978-85-508-1990-7

*Translated from original If Nietzsche Were a Narwhal. Copyright © 2022 by Justin Gregg. ISBN 978-0-316-38806-1. This translation is published and sold by permission of Hachette Book Group, the owner of all rights to publish and sell the same. PORTUGUESE language edition published by Starlin Alta Editora e Consultoria Ltda., Copyright © 2023 by Starlin Alta Editora e Consultoria Ltda.*

Impresso no Brasil — 1ª Edição, 2023 — Edição revisada conforme o Acordo Ortográfico da Língua Portuguesa de 2009.

---

Dados Internacionais de Catalogação na Publicação (CIP) de acordo com ISBD

G819s  Gregg, Justin
       Se Nietzsche Fosse um Narval: O que a inteligência animal revela sobre a estupidez humana / Justin Gregg ; traduzido por Wendy Campos. - Rio de Janeiro : Alta Books, 2023.
       288 p. : il. ; 15,7cm x 23cm.

       Tradução de: If Nietzsche Were a Narwhal
       Inclui índice.
       ISBN: 978-85-508-1990-7

       1. Psicologia. I. Campos, Wendy. II. Título.

2023-175                                          CDD 150
                                                  CDU 159.9

Elaborado por Vagner Rodolfo da Silva - CRB-8/9410

Índice para catálogo sistemático:
1. Psicologia 150
2. Psicologia 159.9

---

Todos os direitos estão reservados e protegidos por Lei. Nenhuma parte deste livro, sem autorização prévia por escrito da editora, poderá ser reproduzida ou transmitida. A violação dos Direitos Autorais é crime estabelecido na Lei n° 9.610/98 e com punição de acordo com o artigo 184 do Código Penal.

O conteúdo desta obra fora formulado exclusivamente pelo(s) autor(es).

**Marcas Registradas:** Todos os termos mencionados e reconhecidos como Marca Registrada e/ou Comercial são de responsabilidade de seus proprietários. A editora informa não estar associada a nenhum produto e/ou fornecedor apresentado no livro.

**Material de apoio e erratas:** Se parte integrante da obra e/ou por real necessidade, no site da editora o leitor encontrará os materiais de apoio (download), errata e/ou quaisquer outros conteúdos aplicáveis à obra. Acesse o site www.altabooks.com.br e procure pelo título do livro desejado para ter acesso ao conteúdo.

**Suporte Técnico:** A obra é comercializada na forma em que está, sem direito a suporte técnico ou orientação pessoal/exclusiva ao leitor.

A editora não se responsabiliza pela manutenção, atualização e idioma dos sites, programas, materiais complementares ou similares referidos pelos autores nesta obra.

## Alta Cult é um selo do Grupo Editorial Alta Books

**Produção Editorial:** Grupo Editorial Alta Books
**Diretor Editorial:** Anderson Vieira
**Editor da Obra:** José Ruggeri
**Vendas Governamentais:** Cristiane Mutüs
**Gerência Comercial:** Claudio Lima
**Gerência Marketing:** Andréa Guatiello

**Assistente Editorial:** Luana Maura
**Tradução:** Wendy Campos
**Copidesque:** Vanessa Schreiner
**Revisão:** Denise Himpel & Hellen Suzuki
**Diagramação:** Joyce Matos
**Capa:** Alice Sampaio

Rua Viúva Cláudio, 291 – Bairro Industrial do Jacaré
CEP: 20.970-031 – Rio de Janeiro (RJ)
Tels.: (21) 3278-8069 / 3278-8419
www.altabooks.com.br — atendimento@altabooks.com.br
**Ouvidoria:** ouvidoria@altabooks.com.br

Editora afiliada à:

*Dedico este livro a Ranke de Vries:
minha parceira de vida, esposa e cúmplice favorita.*

# SUMÁRIO

*Agradecimentos* xi
*Sobre o autor* xv
*Introdução* 1

## CAPÍTULO 1
Os Especialistas em *Por quê*
*Uma história de chapéus, apostas e traseiros de frango* 15

## CAPÍTULO 2
Para Ser Sincero
*O poder e as armadilhas da mentira* 51

## CAPÍTULO 3
Sabedoria da Morte
*A desvantagem de conhecer o futuro* 83

## CAPÍTULO 4
O Albatroz Gay e o Inconveniente Fardo da Homofobia
*O problema da moralidade humana* 111

# Sumário

### CAPÍTULO 5
O Mistério da Abelha Feliz
*É hora de falar sobre a palavra com "c"*   145

### CAPÍTULO 6
Miopia Prognóstica
*Nossa obtusa visão do futuro*   177

### CAPÍTULO 7
Excepcionalismo Humano
*Estamos ganhando?*   207

*Epílogo: Por que salvar uma lesma?*   239

Notas   245

Índice   267

"Animais jamais seriam capazes de agir assim. É preciso ser um ser humano para ser tão estúpido."
**TERRY PRATCHETT,** *PYRAMIDS* **(DISCWORLD, #7)**

# AGRADECIMENTOS

Escrever um livro pode ser um processo estranhamente emotivo — repleto de dúvidas, indecisão, percepções paralisantes e epifanias semidelirantes. As pessoas ao redor servem como guias para que você alcance a linha de chegada com a sanidade intacta e uma xícara de café fresco nas mãos. Então, permita-me apresentar essas pessoas a você.

A principal crítica de minha sanidade foi — e sempre será — minha esposa, Ranke de Vries. Ela não só costuma fazer o café, como também me fornece feedback sobre cada rascunho de livro que envio para ela. É ela que ouve meus monólogos enquanto tento organizar as ideias — o que deve ser entediante. No entanto, ela faz isso de forma incansável e sem resmungar. Eu não poderia ser mais grato. Agradeço, também, à minha filha, Mila, que, embora muito menos disposta a ouvir meus monólogos, me faz rir todos os dias.

A proposta do livro surgiu, primeiro, por causa de minha agente, Lisa DiMona. Todo mundo precisa de uma Lisa na vida. Ela é minha defensora e é quem testa minhas ideias. Tenho muita sorte de desfrutar de seu convívio. Até hoje, sempre que vejo

# Agradecimentos

um e-mail da Lisa em minha caixa de entrada, sinto a alegria brotar em meu peito.

Depois vem Pronoy Sarkar. Se eu pudesse colocar o nome de alguém ao lado do meu na capa, seria o de Pronoy. Ele não é apenas meu editor, é o segundo pai deste livro, porque, além de defender e incentivar todo o projeto, ele me ajudou a estruturar meus argumentos para construir o livro. Que alegria e privilégio ter Pronoy ao meu lado!

Agradeço também a toda a equipe da Little, Brown & Co., incluindo Fanta Diallo, Bruce Nichols, Linda Arends, Maria Espinosa, Stacy Schuck, Katherine Akey, Juliana Horbachevsky, Lucy Kim, Melissa Mathlin e meu editor, Scott Wilson. Sou grato aos muitos leitores iniciais e divulgadores (especialmente Jonathan Balcombe e Barbara J. King), que ofereceram não só palavras gentis, mas notaram alguns problemas embaraçosos que consegui corrigir no manuscrito final.

Meu agradecimento aos diversos especialistas que cederam uma entrevista para o livro, alguns dos quais não fizeram parte da versão final, incluindo Jody Green, Dan Ahern, Susana Monsó, Sergey Budaev, Mikael Haller, Mike McCaskill, Lauren Stanton e Evan Westra. Meu muito obrigado a Marie-Luise Theuerkauf por verificar a tradução alemã das obras de Nietzsche, e a Marianna Di Paolo pela tradução da língua shoshoni.

Vários amigos aparecem como personagens no livro, por isso preciso agradecer a eles por me permitirem torná-los famosos e/ou infames, incluindo Andrea Boyd (e seus cães Lucy e Clover), Monica Schuegraf, Michael Cardinal-Aucoin e Brendan Ahern. Agradeço aos meus colegas acadêmicos, que

*Agradecimentos*

sempre estiveram dispostos a discutir minhas ideias para o livro, incluindo Russell Wyeth, Clare Fawcett, Christie Lomore e Doug Al-Maini. Um agradecimento especial aos membros de meu grupo de escrita, que tanto apoiaram minhas ideias iniciais de livros, incluindo John Graham-Pole (e Dorothy Lander também!), Peter Smith e Anne Louise MacDonald. Angus MacCaull é mais do que um amigo do grupo de escrita, é um encorajador de minha carreira de escritor; sou grato a ele pelos anos de aconselhamento e apoio.

Também sou grato aos diversos cúmplices talentosos e amigos em minha vida que tanto incentivaram minhas ambições de escrita nos últimos dois anos, incluindo Laura Teasdale (minha musa de improvisação e música), o clã Ritchie (Julia, Peter e Harriet), Dave Lawrence (minha musa de podcast e uma das primeiras pessoas a ler o livro em sua totalidade), Jenn Priddle (meu incentivador e líder de torcida), Erin Cole, Michael Linkletter, Steve Stamatopoulos, Ashley Shepphard, Natasha MacKinnon, Rob Hull, Allan Briggs, Ayami Uemura, Brendan Lucey, James Brinck, Jenn MacDonald e... meu Deus, acabei de perceber que tenho muitas pessoas para agradecer, então meu *muito obrigado* a todos que conheço e amo!

Agradeço a todos os meus parceiros de D&D pelas centenas (milhares?) de horas de diversão que nos proporcionaram tanta alegria, risadas e distração dos problemas relacionados ao livro, incluindo Jake Hanlon, Paul Tynan, Wojtek Tokarz, Jon Langdon, Sarah O'Toole, Donovan Purcell, Robin MacDougall, Ben Lane-Smith e Grace Lane-Smith. Minha gratidão aos meus amigos de banda que também fazem uma aparição no livro: Julien Landry, Ryan Lukeman, Cory Bishop e Adrian Cameron. Obrigado ao meu grupo de apoio na Netflix: Donna Trembinski,

# Agradecimentos

Michael Spearin, Susan Hawkes e Cory Rushton. Agradeço, ainda, aos diversos colegas e amigos da StFX, e um agradecimento muito especial aos meus amigos e parceiros de longa data no Dolphin Communication Project: Kathleen Dudzinski, Kelly Melillo-Sweeting e John Anderson — vocês têm sido colegas incríveis ao longo dos anos, e muito do meu sucesso é graças à nossa colaboração.

Um enorme agradecimento a Mijke e Marcel van den Berg e a Thijmen, Pepijn e Madelief por se juntarem a nós nesta aventura canadense! E à minha família na Nova Inglaterra e na Holanda, assim como às diversas pessoas e aos amigos de todo o mundo com quem compartilhei risadas ao longo dos anos.

Um agradecimento especial a todos os animais que conheci em minha vida, selvagens e domésticos. Sem essa conexão, este livro nunca teria sido possível. Dos corvos que me cumprimentam todas as manhãs em minha varanda ao Oscar (que também aparece neste livro) e às galinhas que nos trazem tanta alegria (Echo, Dr. Becky, Ghost, Specter, Topaz, Shadow, Mist, Coffee, Brownie, Muffin, Mocha, Song e Dragon). E, é claro, para meu primeiro amigo animal nesta vida, Tigger.

Obrigado a todos, e fiquem atentos ao próximo livro!

## SOBRE O AUTOR

**Justin Gregg** é pesquisador sênior associado ao Dolphin Communication Project e professor adjunto da St. Francis Xavier University, onde leciona sobre comportamento e cognição animal. Originalmente de Vermont, Justin estudou as habilidades de ecolocalização de golfinhos selvagens no Japão e nas Bahamas. Atualmente, vive na área rural da Nova Escócia e passa os dias escrevendo sobre ciência e contemplando a vida secreta dos corvos que vivem nos arredores de sua casa.

INTRODUÇÃO

Friedrich Wilhelm Nietzsche (1844–1900) tinha um bigode magnífico e uma relação peculiar com os animais. Por um lado, ele tinha pena deles porque, como escreveu em *Considerações Extemporâneas*, eles "se agarram à vida, cega e loucamente, sem outro objetivo… com a avidez deturpada dos tolos".[1] Ele achava que os animais passam pela vida sem saber o que estão fazendo ou por quê. E pior, acreditava que eles não tinham inteligência para experimentar prazer ou sofrimento de modo tão profundo quanto nós humanos.[2] Para um filósofo existencial como Nietzsche, isso era terrivelmente enfadonho; encontrar significado no sofrimento era o mote da obra de Nietzsche. Mas ele também invejava a falta de angústia dos animais e escreveu:

> Pense nas vacas pastando despreocupadamente: elas não sabem o que significa ontem ou hoje; elas saltitam, comem, descansam, digerem, saltitam novamente e repetem isso dia após dia, de manhã até a noite, acorrentadas ao momento e a seu prazer ou desagrado; portanto, não sentem melancolia nem té-

## Introdução

dio. É algo difícil de se testemunhar como homem, pois, embora este pense ser melhor do que os animais, por ser um humano, ele não consegue evitar sentir inveja da felicidade deles.[3]

Nietzsche desejava ser tão estúpido quanto uma vaca, para não ter que contemplar a existência, e se apiedava das vacas por serem estúpidas demais para contemplá-la. Esse é o tipo de dissonância cognitiva que gera grandes ideias. As contribuições de Nietzsche para a filosofia incluíam desafiar a natureza da verdade e da moralidade, declarar que Deus estava morto e lidar com os problemas da insignificância e do niilismo. Mas essa linha de estudo cobrou um preço terrível. Em sua vida pessoal, ele era caótico, o exemplo perfeito de que profundidade demais pode, literalmente, quebrar seu cérebro.

Quando criança, Nietzsche tinha dores de cabeça debilitantes que o deixavam incapacitado por dias a fio.[4] No auge de sua produção acadêmica, ele sofria de depressão persistente, alucinações e pensamentos suicidas. Em 1883, aos 39 anos, ele se declarou "louco" — neste mesmo ano, foi publicado seu livro mais famoso, *Assim Falou Zaratustra*. Seu estado mental continuou a deteriorar mesmo quando sua produção filosófica disparou. Em 1888, Nietzsche alugou um pequeno apartamento no centro de Turim de seu amigo Davide Fino. Naquele mesmo ano, apesar de estar em meio a uma crise de saúde mental, ele escreveu três livros.[5] Uma noite, Fino olhou pelo buraco da fechadura do apartamento e encontrou Nietzsche "gritando, pulando e dançando pela sala, completamente nu, no que parecia uma recriação humana de uma orgia dionisíaca".[6] Ele ficava acordado a noite toda, martelando músicas dissonantes com os cotovelos no piano enquanto berrava as letras desconexas das óperas de Wagner. Ele era um gênio criativo, mas claramente não era um homem são. Além de ser um péssimo vizinho.

Dada sua preocupação com a natureza animal, talvez seja apropriado que tenha sido um encontro com um cavalo que fez com que Nietzsche sofresse um colapso mental definitivo, do qual nunca se recuperou. Em 3 de janeiro de 1889, Nietzsche estava caminhando pela Piazza Carlo Alberto, em Turim, quando viu um cocheiro chicoteando seu cavalo. Desolado, ele começou a chorar, jogou os braços ao redor do pescoço do animal e desabou na rua. Fino, que trabalhava em uma banca de jornais próxima, o encontrou e o conduziu de volta ao apartamento.[7] O pobre filósofo permaneceu em estado catatônico por alguns dias antes de ser levado para um hospital psiquiátrico em Basileia, Suíça. Ele nunca mais recuperou suas faculdades mentais.

O cavalo de Turim, ao que parece, foi o golpe final no frágil estado mental de Nietzsche.[8]

Sempre houve muita especulação sobre as causas da doença mental de Nietzsche, que se deteriorou até a completa demência, antes de sua morte. Pode ter sido uma infecção sifilítica crônica, capaz de corroer o cérebro, ou uma doença vascular (CADASIL — arteriopatia cerebral autossômica dominante com infartos subcorticais e leucoencefalopatia) que causa diversos sintomas neurológicos, como a lenta atrofia e morte do tecido cerebral.[9] Qualquer que seja a causa médica, não há dúvida de que os problemas psiquiátricos de Nietzsche foram agravados por sua genialidade intelectual, o que o estimulou a buscar significado, beleza e verdade no sofrimento em detrimento da sanidade.

## Introdução

Teria sido a inteligência de Nietzsche sua algoz? Se olharmos para a inteligência sob uma perspectiva evolutiva, temos todas as razões para acreditar que o pensamento complexo, em todas as formas no reino animal, é, muitas vezes, um fardo. Se há uma lição que podemos aprender com a vida torturada de Friedrich Wilhelm Nietzsche é que pensar demais não é necessariamente benéfico para ninguém.

E se Nietzsche tivesse sido um animal mais simples, incapaz de pensar com tanta profundidade sobre a natureza da existência, como o cavalo de Turim ou uma das vacas de que ele tinha tanta pena e inveja? Ou mesmo um narval, um de meus mamíferos marinhos favoritos? O contrassenso de um narval vivenciar uma crise existencial é a chave para entender o que há de errado no pensamento humano e o que há de certo no pensamento animal. Para que os narvais sofram um surto psicótico semelhante ao de Nietzsche, eles precisariam ter um nível sofisticado de consciência da própria existência; precisariam saber que são mortais — destinados a morrer um dia em um futuro não tão distante. Mas as evidências de que os narvais ou quaisquer outros animais, além dos humanos, têm capacidade intelectual para conceitualizar a própria mortalidade são, como veremos neste livro, quase nulas. E isso, ao que parece, é uma coisa boa.

### O que é inteligência?

Há um enigmático abismo entre a forma como os humanos entendem e experimentam o mundo e a forma como todos os outros animais o fazem. Nunca houve dúvida de que há algo de diferente acontecendo em nosso crânio e não no crânio dos narvais. Podemos enviar robôs para Marte. Os narvais não.

## Introdução

Podemos escrever sinfonias. Os narvais não. Podemos entender o significado da morte. Os narvais não. Seja o que for que nosso cérebro faça e que resulte nesses milagres claramente é resultado daquilo que chamamos de *inteligência*.

Infelizmente, apesar de nossa total confiança no excepcionalismo da inteligência humana, ninguém de fato tem ideia do que é inteligência. Isso não é apenas uma afirmação superficial para dizer que não temos uma boa definição prática. Quero dizer que não temos certeza se a inteligência existe como um conceito quantificável.

Considere o campo da inteligência artificial (IA). É nossa tentativa de criar softwares de computador ou sistemas robóticos que são, como o nome indica, inteligentes. Mas os pesquisadores de IA não chegaram a um consenso sobre como definir o que eles estão tão interessados em criar. Em uma pesquisa recente com 567 especialistas líderes na área de IA, uma pequena maioria (58,6%) concordou que a definição de inteligência de Pei Wang, um pesquisador de IA, provavelmente era a melhor:[10]

> A essência da inteligência é o princípio de se adaptar ao meio ambiente diante de conhecimento e recursos insuficientes. Consequentemente, um sistema inteligente deve confiar na capacidade de processamento finito, trabalhar em tempo real, estar aberto a realizar tarefas inesperadas e aprender com essa experiência. Essa definição prática interpreta a "inteligência" como uma forma de "racionalidade relativa".[11]

## Introdução

Em outras palavras, 41,4% dos cientistas de IA não acham que a inteligência seja isso. Em uma edição especial do *Journal of Artificial General Intelligence*, dezenas de especialistas tiveram a chance de comentar a definição de Wang. Em uma reviravolta totalmente previsível, os editores concluíram que "se o leitor estava esperando um consenso sobre a definição de IA, receamos ter que desapontá-los".[12] Não há, e nunca haverá, um consenso sobre o que é inteligência para todo um campo da ciência focado exclusivamente em criá-la. O que é uma situação muito ridícula.

A propósito, os psicólogos não estão se saindo melhor nessa tarefa. A história da definição da inteligência como uma propriedade única da mente humana é confusa. O psicólogo inglês do século XX Charles Edward Spearman propôs a ideia do fator de inteligência geral (o fator $g$) como uma maneira de explicar por que as crianças que eram boas em determinado tipo de teste psicométrico também tendiam a ser boas em outros tipos de testes psicométricos.[13] Segundo sua teoria, deve haver uma propriedade quantificável da mente humana que algumas pessoas têm mais do que outras. Esse é o tipo de coisa que os testes de aptidão escolar ou de QI revelam. Ao aplicar esses tipos de testes a pessoas em todo o mundo, não importa qual seja a formação cultural delas, de fato descobrimos que algumas se saem melhor do que outras em todos os aspectos do teste. Mas não há um consenso quanto a essas diferenças de desempenho — se elas se devem a uma única propriedade da mente, o fator $g$, responsável pelo pensamento, ou se o fator $g$ é apenas uma representação usada para descrever o desempenho coletivo de um enorme subconjunto de capacidades cognitivas processadas no cérebro. Será que cada uma dessas capacidades cognitivas trabalha de forma independente e sua forte correlação se dá por mero acaso, ou existe algum tipo de pozinho mágico de inteligência que se espalha por todos os sistemas cognitivos, fazendo com que tudo funcione melhor? Ninguém sabe. No cerne do estudo da inteligência na mente humana impera toda essa confusão sobre de que raios estamos falando.

Do outro lado, temos os animais. Se quiser ressaltar a natureza fugidia da inteligência como um conceito, basta pedir a um pesquisador de comportamento animal que explique por que os corvos são mais inteligentes do que os pombos. A maioria dos pesquisadores responde mais ou menos isto: "Bem, não podemos comparar a inteligência de diferentes espécies dessa forma." Que seria o mesmo que dizer: "A pergunta não faz sentido, porque ninguém sabe o que diabos é inteligência ou como medi-la."

No entanto, se você quiser a prova definitiva de que a discussão em torno da inteligência é complexa, entre a fronteira do ridículo e do impossível, pense no SETI — acrônimo em inglês para *busca por inteligência extraterrestre*. É um movimento inspirado em um artigo publicado na *Nature* em 1959 por Philip Morrison e Giuseppe Cocconi — dois cientistas de Cornell que sugeriram que, se civilizações alienígenas estivessem tentando se comunicar, provavelmente o fariam por meio de ondas de rádio. Diversos cientistas se reuniram no Observatório de Green Bank, na Virgínia Ocidental, em novembro de 1960, em torno dessa discussão, e foi onde o radioastrônomo Frank Drake apresentou sua famosa equação de Drake, uma estimativa quanto ao número de civilizações extraterrestres existentes na Via Láctea que eram inteligentes o suficiente para gerar ondas de rádio. A equação em si está repleta de fatores fruto de pura estimativa (ou seja, sem qualquer base sólida), incluindo o número médio de planetas capazes de suportar a vida e a porcentagem desses planetas que poderiam ter desenvolvido vida inteligente.

O problema do SETI e da equação de Drake é que eles nem sequer se preocupam em fornecer uma definição do que é inteligência. Há uma suposição de que todos devemos saber o que é: aquilo que resulta na habilidade de uma criatura de elaborar sinais de rádio. Com base nessa definição tácita, os seres humanos não eram inteligentes, até Marconi patentear o rádio, em 1896. E provavelmente deixaremos de ser inteligentes daqui a um século ou mais, quando toda a nossa comunicação for feita por transmissão óptica em vez de rádio. Essa tolice é a razão pela qual Philip Morrison sempre odiou o termo *busca por inteligência extraterrestre*, afirmando: "O termo SETI nunca me agradou, porque, de alguma forma, deprecia o esforço. Não era a inteligência que conseguíamos detectar; eram as comunicações. Sim, elas indicariam inteligência, mas isso é tão óbvio que é melhor falar sobre receber sinais."[14]

O que pesquisadores de IA, psicólogos humanos, pesquisadores de cognição animal e cientistas do projeto SETI têm em comum é a crença de que a inteligência é um fenômeno quantificável sem ter um método acordado para tal. Todos nós deveríamos reconhecê-la quando a vemos. Ondas de rádio alienígenas? Sim, isso é inteligência. Corvos usando uma vara para pescar formigas de um tronco? Sim, isso é inteligência. O tenente comandante Data compondo um poema para seu amado gato de estimação? Sim, isso certamente é inteligência. Essa abordagem "reconheço quando vejo" no que tange à inteligência é o mesmo método usado pelo juiz da Suprema Corte dos EUA, Potter Stewart, para identificar conteúdo pornográfico em um caso que se tornou bastante conhecido.[15] Todos sabemos o que é inteligência, assim como sabemos o que é pornografia. Passar muito tempo tentando definir qualquer uma dessas coisas provavelmente causará algum desconforto, então a maioria das pessoas nem se dá ao trabalho.

## Para que serve a inteligência?

No centro dessa discussão sobre inteligência, há uma crença inabalável de que ela, independentemente de como a definimos e o que seja de verdade, é uma coisa boa. Um ingrediente mágico que você pode polvilhar em um macaco velho e sem graça, um robô ou um alienígena e criar algo melhor. Mas devíamos mesmo ser tão confiantes quanto ao valor agregado da inteligência? Se a mente de Nietzsche tivesse sido mais como a do narval — se ele não tivesse sido inteligente o suficiente para ruminar sobre sua morte iminente —, sua loucura poderia ter sido mais branda ou nem mesmo existir. Isso não teria sido apenas melhor para ele, mas também para o restante de nós. Se Nietzsche tivesse nascido um narval, o mundo poderia nunca ter tido que suportar os horrores da Segunda Guerra Mundial ou do Holocausto — eventos que, mesmo sem intenção, Nietzsche ajudou a criar.

Após seu colapso mental, Nietzsche passou um ano no hospital psiquiátrico em Jena, na Alemanha, antes de retornar à sua casa de infância em Naumburg, sob os cuidados da mãe, Franziska. Ele permaneceu em um estado semicatônico e precisava de cuidados 24 horas por dia. Quando ela morreu, depois de sete anos de dedicação ao filho, a irmã de Nietzsche, Elisabeth, foi cuidar dele. Elisabeth sempre desejou a aprovação do irmão, mas Nietzsche passou a vida inteira a desprezando. Quando eram crianças, ele a apelidou de *Lhama,* supostamente devido ao fato de as lhamas serem animais tão "estúpidos" e teimosos que, quando maltratados, se recusam a comer e "se deitam no chão para morrer".[16]

Infelizmente para Nietzsche (e para o restante de nós), Elisabeth era uma nacionalista alemã de extrema-direita. Ela ajudou a estabelecer a cidade de Nueva Germania no Paraguai com seu marido, Bernhard Förster, em 1887. O objetivo era criar um exemplo reluzente de uma comunidade baseada na supremacia da raça ariana — uma nova Pátria. Förster era um eloquente antissemita que, certa vez, escreveu que os judeus eram "um parasita do corpo alemão".[17] No entanto, Nueva Germania rapidamente fracassou; os primeiros colonos arianos morreram de fome, malária e infecções por emeritas.[18] As emeritas, ao que parece, são um parasita no real sentido da palavra que pode viver feliz no corpo antissemita.

Humilhado pelo fracasso da cidade, Bernhard tirou a própria vida, e Elisabeth voltou para a Alemanha, onde acabou cuidando de seu irmão, agora indefeso. Nietzsche não era antissemita e escreveu sobre o antissemitismo e o fascismo de maneira depreciativa.[19] Mas ele não estava em condições de argumentar; quando ela chegou para cuidar dele, Nietzsche estava com o corpo parcialmente paralisado e a fala comprometida. Após sua morte, em agosto de 1900, Elisabeth assumiu controle total de sua propriedade e, usando de continuidade retroativa, modificou os trabalhos filosóficos do irmão para se adequar à sua ideologia supremacista branca.

Em uma tentativa de se tornar popular com o movimento fascista em ascensão na Alemanha, ela vasculhou os antigos cadernos de Nietzsche e publicou um livro póstumo intitulado *A Vontade de Poder*,[20] que promoveu entre seus amigos fascistas

## Introdução

como uma justificativa filosófica para suas ideologias beligerantes envolvendo a subjugação (e erradicação) das "raças mais fracas". Apesar de precisar de um tutor na forma do famoso filósofo austríaco Rudolf Steiner para ajudá-la a entender as ideias do irmão, e embora o próprio Steiner tenha afirmado que "seu pensamento é vazio até mesmo da consistência menos lógica"[21], Elisabeth teve grande sucesso em retratar o irmão como o precursor intelectual do movimento Nacional Socialista. No início da década de 1930, todos os membros do Partido Nazista já haviam feito uma peregrinação ao Arquivo Nietzsche em Weimar, criado por Elisabeth para promover as obras dele — algumas das quais falsificadas por ela.[22] Quando Elisabeth morreu, em 1935, ela era tão popular no regime nazista que até Adolf Hitler compareceu a seu funeral.

Por todos os relatos, as ideias filosóficas de Nietzsche eram parte integrante da formação e do sucesso do Partido Nazista e ajudaram a justificar o Holocausto, aconselhando que as pessoas deveriam "expulsar os proclamadores do antissemitismo do país",[24] embora Nietzsche desprezasse o antissemitismo e provavelmente odiasse os nazistas.[23] Tendo servido como médico na Guerra Franco-Prussiana, Nietzsche testemunhou sua parcela de brutalidade, e isso o afetou profundamente. Ele não era fã de violência. Certamente rejeitaria o tipo de violência patrocinada pelo Estado que movimentos políticos jingoístas, como o nazismo, empregavam. Embora alegasse "filosofar com um martelo"[25], Nietzsche era conhecido por ser um homem gentil e educado.[26] O que faz sentido. Lembre-se, é o mesmo cara que sofreu um colapso mental porque viu alguém batendo em um cavalo.

Isso ressalta a grande desvantagem da inteligência humana. Podemos usar, e muitas vezes usamos, nosso intelecto humano para desvendar os segredos do universo e elaborar teorias filosóficas baseadas na fragilidade e na transitoriedade da vida. Mas também somos capazes de — e, de fato, muitas vezes o fazemos — empregar esses segredos para causar morte e destruição e distorcer essas filosofias a fim de justificar nossa selvageria. Junto com a compreensão de como o mundo foi construído vem o conhecimento para destruí-lo. Os seres humanos têm a capacidade de racionalizar o genocídio, assim como a competência tecnológica para realizá-lo. Elisabeth Förster-Nietzsche usou os escritos filosóficos do irmão — fruto de um espantoso intelecto humano — para validar uma visão de mundo que levou à morte de 6 milhões de judeus.[27] Nesse sentido, os humanos não são nem um pouco parecidos com os narvais. Narvais não constroem câmaras de gás.

## O grande MacGuffin

A inteligência não é um fato biológico. Essa ideia de excepcionalismo intelectual ou comportamental humano não tem base científica. Simplesmente intuímos que a inteligência é real e boa, mas, quando olhamos para todas as maneiras pelas quais os animais não humanos conseguem sobreviver dia a dia neste planeta — as impressionantes soluções que eles criaram para resolver problemas ecológicos —, fica claro que nenhuma dessas crenças intuitivas resiste ao escrutínio. A inteligência é o grande MacGuffin — um conceito que temos perseguido no estudo da mente humana, de animais e de robôs que nos distraiu da realidade do mundo natural. Uma realidade em que a seleção natural nunca atuou sobre um traço biológico que podemos consolidar em um único conceito conhecido como *inteligência*. Uma realidade em que nossos feitos intelectuais e tecnológicos — nascidos de uma mistura de traços cognitivos compartilhados por muitas outras espécies — não são tão importantes ou excepcionais quanto gostaríamos de acreditar. Uma realidade em que a Terra está repleta de espécies animais que encontraram soluções para desfrutar de uma vida boa de maneiras que envergonham a espécie humana.

Este livro fala sobre a inteligência e se ela é uma coisa boa ou ruim. Acho que a maioria de nós acredita que a inteligência, seja lá o que essa palavra signifique para você, é inerentemente boa. Sempre olhamos para o mundo — e o valor dos animais não humanos neste mundo — através do prisma dos atributos da inteligência humana. Mas e se acalmarmos essa voz que grita sobre o excepcionalismo de nossa espécie e, em vez disso, ouvirmos as histórias que outras espécies estão nos contando? E se reconhecermos que, às vezes, as supostas conquistas humanas são, na verdade, soluções irrelevantes do ponto de vista evolutivo? Isso viraria o mundo de cabeça para baixo. Faria com que animais supostamente menos inteligentes — como vacas, cavalos e narvais — parecessem gênios. De repente, haveria uma explosão de ideias belas e simples no reino animal, que encontrariam soluções elegantes para o problema da sobrevivência.

De que adianta a inteligência humana? Essa é uma pergunta que incomodou Nietzsche da mesma forma como me incomoda. Vamos ver se conseguimos responder a ela juntos.

CAPÍTULO 1

# Os Especialistas em *Por quê*

*Uma história de chapéus, apostas e traseiros de frango*

> Aos poucos, o homem tornou-se um animal fantástico que precisa cumprir uma condição de existência a mais do que qualquer outro animal: o homem precisa acreditar, saber, de tempos em tempos, por que ele existe.
>
> — NIETZSCHE[1]

Mike McCaskill levou vinte anos para derrotar o mercado de ações. Mas, quando o fez, ah, cara, foi para valer!

Mike começou devagar, negociando ações de pequeno valor como hobby enquanto trabalhava na loja de móveis de seus pais.[2] Quando a loja fechou, em 2007, ele decidiu se dedicar a seu hobby em tempo integral. Vendeu o carro por US$10 mil e depositou o dinheiro em sua conta na corretora de valores. Nos dois anos seguintes, um mercado volátil e a crise imobiliária do subprime fizeram com que o índice S&P 500 perdesse metade de seu valor, o que deixou um day trader como Mike ainda mais empolgado. Ele se deleitou com a chance de desvendar o mistério sobre o futuro desse mercado. Ele previu que as ações não demorariam muito a subir após a eleição do presidente Obama, então pegou as centenas de milhares que havia ganhado com ativos de pequeno valor e investiu no mercado regular de ações.

Mas ele estava errado.

Quando Obama foi empossado, em 20 de janeiro de 2009, o índice Dow Jones continuou a despencar, atingindo seu ponto mais baixo, 6.594,44 pontos, em 5 de março durante a crise financeira. Foi uma queda de 50% do recorde histórico em outubro de 2007, de 14.164,43, e ficou a apenas 3% do recorde de queda que provocou a Grande Depressão em 1929. Isso foi terrível para Mike, sua carteira de negociação ficou totalmente arruinada.

Mas ele se recompôs, juntou algumas centenas de dólares e depositou na conta. Dessa vez, no entanto, ele mudaria a estratégia de sua carteira para lucrar mesmo quando o mercado estivesse *perdendo* dinheiro. Em outras palavras, ele faria vendas a descoberto — uma estratégia extremamente arriscada, em que pegaria ações emprestadas e as venderia com a promessa de comprá-las de volta mais tarde para devolvê-las ao credor. Se o preço das ações caísse, ele ganharia dinheiro na recompra, mas, se o preço subisse, ele seria forçado a pagar o valor atual das ações ao comprá-las de volta e a arcar com o prejuízo. Esse é o truque que investidores como Michael Burry e Mark Baum usaram para apostar contra o mercado imobiliário em 2007, como apresentado no filme *A Grande Aposta*. Na época, o mercado imobiliário era considerado uma das apostas mais seguras do sistema financeiro norte-americano, então era arriscado e, aparentemente, uma tolice apostar que o mercado perderia valor. Agora sabemos que a previsão deles estava certa, e eles ganharam uma bolada com isso. A previsão de Mike, no entanto, acabou indo por água abaixo. Os US$700 bilhões que o governo dos EUA injetou na economia por meio do Troubled Asset Relief Program começaram a funcionar. No início de abril, o mercado se recuperou, e Mike, que apostou no colapso do mercado, perdeu tudo. Outra vez.

Frustrado, ele parou de operar day trade em tempo integral e passou os dez anos seguintes trabalhando no King Louie's Sports Complex em Louisville, Kentucky, e acabou se tornando o diretor dos programas de vôlei e de golfe. Ele ainda investia em ações, apostando no longo prazo, o que poderia deixá-lo milionário. Foi quando se deparou com as ações da GameStop.

Era o verão de 2020, e a empresa estava passando por dificuldades: uma loja física de videogames tentando sobreviver em um mercado dominado pelo varejo digital. Quase ninguém vai a um shopping garimpar produtos em uma loja como a GameStop. As pessoas compram na Amazon ou baixam os jogos diretamente para o PlayStation. Michael Pachter, um analista de videogame e mídia digital e eletrônica da Wedbush Securities, descreveu a GameStop como um cubo de gelo derretendo. "Certamente a empresa acabará evaporando", declarou ele à *Business Insider* em janeiro de 2020, estimando que a empresa fecharia as portas dentro de uma década.[3] Andrew Left, um investidor arrojado da Citron Research, especializado em vendas a descoberto, descreveu a GameStop como "um fracassado varejista baseado em shopping" que estava "afundando"[4], e é por isso que ele e muitos outros investidores começaram a vender suas ações em grandes quantidades. Assim como Mike, em 2009, e o pequeno grupo de pessoas que apostou contra o mercado imobiliário, em 2007, esses profissionais decidiram lucrar com o colapso iminente da GameStop. Na teoria, pelo menos, isso parecia razoável.

Porém Mike não achava que a GameStop estava destinada à falência. Muito pelo contrário. Ele não só tinha certeza de que era viável investir na empresa, como também que todas essas posições a descoberto retidas por esses gerentes de fundos hedge significavam que o valor das ações poderia disparar, no que é chamado de *short squeeze*. Se o preço delas começasse a subir, os investidores com posições a descoberto tentariam descarregar suas ações rapidamente, a fim de reduzir o prejuízo. Essa venda em massa faria com que as ações subissem ainda mais rápido, ocasionando uma maior pressão de venda, que geraria uma tonelada de dinheiro para qualquer pessoa inteligente o suficiente para ter comprado as ações quando estas valiam quase nada.

O instinto de Mike lhe disse que um *short squeeze* estava próximo. Ele começou a comprar opções de ações, ou seja, a comprá-las assim que atingissem determinado preço. As ações, no entanto, não tiveram o preço muito alterado no início, suas opções expiraram, e a conta de Mike continuou a zerar reiteradamente. Então, no final de 2020, ele acertou em cheio em outra opção de ações — Bionano Genomics —, o que lhe rendeu uma injeção de dinheiro, que ele, posteriormente, investiu na GameStop. Logo em seguida, em janeiro de 2021, a pressão com relação aos preços das ações teve início. Uma série de eventos improváveis e confusos levou a um rápido aumento no valor das ações da GameStop no mercado, dentre eles, a ação dos milhões de seguidores do subreddit r/wallstreetbets, no Reddit, que detectaram que a empresa tinha um número excessivo de posições a descoberto — o que significava que muita gente estava apostando em sua queda — e, em um esforço coordenado, realizaram a compra de ações em massa. Como você pode imaginar, essa jogada arruinou investidores como Andrew Left, que estavam, aos olhos dos usuários do Reddit, apostando cinicamente na morte de uma empresa vulnerável. E funcionou! A GameStop, em um caso bastante notório, teve uma valorização impressionante — de cerca de US$4 por ação, quando Mike começou a comprá-las, para uma alta de US$347,51 em 27 de janeiro, quando Mike as vendeu.

Ele ganhou US$25 milhões.

O que podemos extrair disso? A lição não é que é preciso muita inteligência e anos de experiência estudando o mercado de ações para prever corretamente por que e quando os preços das ações vão subir ou cair. Não tinha como Mike saber o que os justiceiros do wallstreetbets estavam planejando ou que eles seriam capazes de criar um short squeeze artificial tão histórico para as ações da GameStop. A intuição de Mike não tinha poderes mágicos de presciência. Na verdade, conforme vimos, em suas apostas no mercado de ações, ele mais errou do que acertou. No caso da GameStop, ele simplesmente teve sorte.

Veja esta história semelhante, que também envolve sorte, mas com um protagonista inesperado. Em 2012, o jornal britânico *The Observer* realizou um concurso entre três equipes: um grupo de crianças em idade escolar, três gestores de investimentos profissionais e um gato chamado Orlando.[5] Cada equipe recebeu £5.000 para investir em ações do índice FTSE All-Share e poderia trocar suas ações a cada três meses. Venceria a equipe que estivesse com mais dinheiro na conta após um ano. Orlando "escolheu" suas ações soltando um rato de brinquedo em uma grade com números correspondentes às ações disponíveis. Após um ano de investimento, as crianças tiveram prejuízo, restando £4.840 em sua conta. Os gestores de fundo terminaram o ano com £5.176 na conta. Orlando ficou com £5.542 e venceu.

Ao contrário das crianças ou dos gestores de fundo, é impossível um gato saber o que estava fazendo. Embora alguns animais possam ser ensinados a trocar tokens por recompensas e, dessa forma, atribuir um valor arbitrário a objetos sem valor, o conceito abstrato de "dinheiro" e de "mercado de ações" é algo que só existe na mente dos *Homo sapiens*. A técnica de seleção de ações de Orlando foi apenas uma maneira inteligente que os pesquisadores encontraram para gerar escolhas aleatórias de ações e provar a teoria de que as pessoas que investem no mercado de ações teriam os mesmos resultados se escolhessem as ações jogando dardos em um quadro. Quando se trata de escolher as melhores ações, é uma questão de pura sorte.

Com Orlando em mente, eu estava curioso para saber como Mike McCaskill descreveria sua habilidade de escolha de ações. Então, em março de 2021, liguei para ele para perguntar. Disse a ele que estava escrevendo um livro sobre inteligência humana e animal. Contei a história de Orlando e dos gestores de fundo e que, ao que parece, a sorte — não o conhecimento — desempenha um importante papel quando se trata do mercado de ações. Para meu espanto, Mike McCaskill, que tinha passado vinte anos estudando o mercado de ações e tinha acabado de ganhar US$25 milhões, respondeu: "Eu concordo. É 100% sorte."

É verdade que Mike pesquisou a GameStop e deduziu que a empresa estava prestes a sofrer um short squeeze. Mas Andrew Left estava igualmente convencido de que isso era impossível e se enganou. Em 2020, Michael Pachter tinha certeza de que a

*Os Especialistas em Por quê*

GameStop estaria fora do mercado até o final da década, embora, a partir de março de 2021, ele tenha mudado de ideia e, agora, proclame que a GameStop veio "para ficar".[6] Obviamente, uma dessas previsões está errada. Os seguidores do wallstreetbets tinham certeza de que a GameStop estava caminhando para um short squeeze — e estavam certos. Mas eles também tinham certeza de que isso continuaria além do pico de US$347,51, em 27 de janeiro, e encorajaram todos a manter as ações na carteira. Dessa vez, no entanto, eles estavam errados. O preço das ações da empresa caiu para menos de US$50 apenas alguns dias após Mike vender suas ações e se tornar um milionário. Mais um golpe de sorte de Mike. Ele concordava com os seguidores do Reddit de que as ações continuariam subindo — talvez ultrapassassem a marca de US$1.000 por ação. Mas acabou decidindo que o lucro de US$25 milhões era bom o suficiente e vendeu as ações no momento certo. A trajetória de Mike do fracasso à riqueza está relacionada a uma série de eventos aleatórios e fortuitos.

"A natureza humana gosta de ordem", escreveu o economista Burton Malkiel em seu livro seminal *Um Passeio Aleatório por Wall Street*. "As pessoas acham difícil aceitar a noção de aleatoriedade." Malkiel popularizou a ideia de que o movimento de qualquer ação individual no mercado é basicamente aleatório — é impossível saber por que uma ação se comporta de uma forma ou de outra. As pessoas que ganham dinheiro com o mercado de maneira consistente são aquelas que têm uma carteira diversificada, com diferentes tipos de investimentos (como ações, títulos, previdência privada), diluindo o risco, com base no princípio mais amplo de que o mercado, no longo prazo, acabará aumentando de valor. Escolher ações individuais ou apostar em determinadas tendências está muito mais próximo de uma aposta do que da ciência. É por isso que não devemos nos surpreender ao ver que um gato tem a mesma chance de obter lucro em Wall Street quanto um day trader.

Mike McCaskill passou toda sua carreira fazendo uma pergunta simples: por que os preços das ações sobem? Essa necessidade de entender o *porquê* é o que o diferencia (e os humanos em geral) dos animais não humanos. E é isso que torna a história de Mike tão reveladora. Assim que as crianças humanas aprendem as primeiras palavras, nós, adultos, começamos a ser bombardeados de *por quês*. Minha filha uma vez me perguntou: por que o gato não fala? Boa pergunta... foi a ela que dediquei minha carreira em pesquisas para responder. Mesmo tendo passado dessa fase infantil, não paramos de fazer esse tipo de pergunta. Por que não encontramos sinais de vida alienígena? Por que as pessoas cometem assassinatos? Por que morremos? A espécie humana é especializada em perguntar por quê. Esse é um dentre um punhado de traços cognitivos que diferencia nosso estilo de pensamento do estilo de outros animais.

No entanto, esse desejo ardente de entender causa e efeito nem sempre é uma vantagem. Como a história sobre investimento de Mike revela, perguntar *por que* não proporcionou a ele, aos gestores de fundos hedge ou a qualquer pessoa uma vantagem quando se tratava de previsões sobre o preço das ações. Sem saber por que o preço das ações varia para cima e para baixo, o sistema de tomada de decisão do gato Orlando produziu resultados semelhantes. E isso não se limita a ações. O mundo está repleto de animais que tomam decisões eficazes e benéficas o tempo todo — e quase nenhuma delas envolve contemplar por que o mundo é assim. Ser humano e um especialista em *por quê* tem benefícios óbvios, conforme veremos neste capítulo. Mas, se olharmos para a tomada de decisão ao longo do tempo e das espécies, incluindo a nossa, proponho que consideremos uma premissa provocativa: perguntar *por que* nos oferece uma vantagem biológica? A resposta pode parecer óbvia (sim!), mas eu não acho que seja. Para nos ajudar a responder a essa pergunta, considere o seguinte: mesmo que nossa espécie possa compreender causa e efeito em um nível profundo, mal usamos essa habilidade durante o primeiro quarto de milhão de anos em que caminhamos pela Terra. Isso nos diz algo muito importante, de uma perspectiva evolutiva, sobre o valor de perguntar *por quê*.

## As origens do *por quê*

Vamos imaginar que estamos na cesta de um balão de ar quente. Estamos flutuando suavemente sobre o dossel de uma floresta verdejante que reveste um aglomerado de colinas sinuosas com vista para o Lago Baringo, no oeste do Quênia. Ou pelo menos o que um dia será conhecido como Quênia. É um balão de ar que viaja no tempo, e fomos transportados de volta ao Pleistoceno Médio (agora oficialmente renomeado Período Chibaniano) exatamente 240 mil anos atrás. É crepúsculo. O ar está pesado e úmido, sinalizando o início da estação das monções. Essa área teria sido muito mais úmida durante o Chibaniano, transformando a área em torno do Lago Baringo em uma das mais exuberantes e férteis da região. De nosso ponto de vista, algumas centenas de metros acima da bacia, podemos ver movimento no chão ao nosso redor — dois grupos distintos de animais caminhando em direção à linha das árvores ao pôr do sol.

Conseguimos reconhecer um dos grupos instantaneamente: chimpanzés. Um punhado de fêmeas com os filhotes a reboque, e um grupo de machos maiores à frente. Com a noite se aproximando, eles provavelmente estão à procura de algumas árvores para construir um ninho e se acomodar durante a noite. O outro grupo é ainda mais familiar. É um grupo de humanos modernos — *Homo sapiens* — semelhante em número ao grupo dos chimpanzés. Na verdade, semelhante em quase todos os aspectos. Há fêmeas com seus filhotes e um grupo de machos explorando o caminho em direção à floresta, onde montarão acampamento para passar a noite. Humanos e chimpanzés descendem do mesmo ancestral primata que vagou pela África há 7 milhões de anos: *Sahelanthropus tchadensis*. Para um olho destreinado, esse primata ancestral oriundo da África Ocidental pareceria um chimpanzé. Seus ancestrais se ramificariam para, mais tarde, evoluir como chimpanzés modernos de um lado e nossos parentes humanos do outro, incluindo o Australopitecos e o *Homo erectus*. Você provavelmente já os viu em um museu de história natural ou em um livro didático: aquela fileira de espécies das "origens do homem" que passou a ser usada em diversas piadas e memes. Após 7 milhões de anos na África, chimpanzés e humanos ainda viviam estilos de vida muito semelhantes em condições quase idênticas à de seus ancestrais primatas. Sabemos, por meio do registro fóssil, que humanos e chimpanzés viveram lado a lado nessa área do Grande Vale do Rifte na África Oriental há 240 mil anos.[7]

Eu conduzi nosso balão viajante do tempo para essa era e local específicos porque é o momento da primeira aparição do que os cientistas atualmente consideram os humanos modernos.[8] Eles são quase idênticos a você ou a mim de todas as maneiras possíveis — física e cognitivamente.[9] No entanto, nada em seu estilo de vida se assemelha a como vivemos no século XXI.

Da mesma forma como seus primos chimpanzés que dormiam nas árvores, esses primeiros humanos percorriam as margens do lago à procura de arbustos de bagas e carcaças de animais. Eles provavelmente andavam nus, sem joias, roupas ou quaisquer dos adornos artísticos ou simbólicos que usamos hoje. Sua nudez, porém, revela algumas diferenças significativas em relação aos chimpanzés: muito menos folículos pilosos e pele mais exposta, projetada para evaporar o suor rapidamente e manter o corpo fresco enquanto vagavam sob o sol escaldante. Os seres humanos também têm pernas mais longas com relativamente mais músculos em seus membros inferiores, outra adaptação para auxiliar nosso estilo de vida ambulatorial (errante).[10] E então, é claro, a cabeça. A metade frontal da cabeça humana e do chimpanzé — a área da face — é bastante semelhante, com a exceção óbvia do queixo. Os humanos têm queixo, mas os chimpanzés não. Estranhamente, nenhuma outra espécie de hominídeos ao longo da história evoluiu o queixo antes do surgimento do *Homo sapiens*. É de se estranhar que os cientistas ainda não tenham uma resposta clara sobre por que temos queixos.[11] Mas a metade de trás de nossa cabeça é, de fato, algo ainda mais surpreendente. A cabeça humana é redonda, parecendo um balão de água cheio demais. Esse espaço craniano extra está repleto de tecido cerebral — três vezes maior do que o de nossos primos chimpanzés.

Há, também, alguns traços comportamentais que distinguem os humanos. Eles estão segurando ferramentas rudimentares de pedra, que usaram para dissecar a carne de um elefante morto. Uma das humanas mais velhas está ajudando uma criança a girar um cabo de madeira em um entalhe em um velho tronco seco, a fim de obter fogo para cozinhar, dando-lhe instruções na cadência inconfundível da linguagem humana.[12] Os chimpanzés, por outro lado, são em sua maioria silenciosos, de posse apenas de pedras para quebrar nozes (não lâminas afiadas), e certamente não dominam o fogo. Eles simplesmente não têm o tipo de mente que lhes permite criar essas coisas. Até hoje, a capacidade de criar tanto lâminas de pedra quanto de obter fogo não faz parte da capacidade cognitiva deles.

Apesar de haver algumas diferenças claras na cognição que levaram a avanços como fogo e lâminas, os primeiros humanos e chimpanzés permaneceram relativamente semelhantes durante a maior parte do Período Chibaniano. À medida que o período chegava ao fim, há 126 mil anos, os humanos começaram sua infame jornada para fora da África, usando as longas e musculosas pernas para se deslocarem para a Europa, onde encontrariam Neandertais e Denisovanos — duas espécies de hominídeos que haviam evoluído na Ásia e na Europa por meio de um ancestral comum que havia deixado a África 2 milhões de anos antes. Assim como os humanos, eles dominavam o fogo, faziam lanças e ferramentas de pedra e conseguiram, inclusive, desenvolver alguma capacidade de linguagem. Os humanos acasalaram e competiram com essas outras espécies até que só restaram vestígios delas em nosso DNA. Então, cerca de 200 mil anos após nossa viagem de balão até o Lago Baringo, as evidências de que nossos ancestrais humanos formularam importantes questões envolvendo *por que* — as quais levariam à nossa iminente dominação deste planeta — surgiram pela primeira vez na forma de pinturas rupestres.

Cerca de 43.900 anos atrás, um grupo de humanos que vivia em Sulawesi, na Indonésia, entrou em uma caverna na extremidade sudoeste da ilha e começou a desenhar. Usando pigmento vermelho, eles criaram uma série de cenas de caça — humanos perseguindo porcos selvagens com cordas e lanças. Mas havia algo estranho nos humanos retratados nos desenhos: eles tinham a cabeça de animais. Essas figuras metade humanas, metade animais são chamadas de *teriantropos* (do grego *teri*/θη'ρ, que significa *besta*, e *antropos*/α'´νθρωπος, que significa *homem*). Alguns milhares de anos depois, um ancestral europeu esculpiu a estatueta de Löwenmensch: uma estátua de teriantropo de pedra calcária representando um humano com uma cabeça de leão encontrada no sistema de cavernas Hohlenstein-Stadel, perto de Baden-Württemberg, na Alemanha.

Há uma razão real pela qual, quarenta milênios atrás, nossos ancestrais humanos passavam tempo criando arte na forma de teriantropos. Simbolizava algo. Os teriantropos representados na arte dos últimos milhares de anos são tipicamente associados ao simbolismo religioso: como Hórus (o deus egípcio com cabeça de falcão), Lúcifer (muitas vezes, representado como metade humano, metade bode na arte cristã) ou Ganesha (o deus hindu com cabeça de elefante). Os teriantropos sulawesianos são "a evidência conhecida mais antiga do mundo de nossa capacidade de conceber a existência de seres sobrenaturais", declarou o Dr. Adam Brumm ao *New York Times*, depois que ele e sua equipe de pesquisa descobriram os teriantropos sulawesianos em 2017.[13] O que é um ser sobrenatural? É uma criatura que tem habilidades e conhecimento além do domínio dos humanos. Alguns especialistas sugerem que esses teriantropos podem ser guias espirituais, criaturas que nos oferecem ajuda, respostas ou conselhos.[14] Então, isso pressupõe que nossos ancestrais faziam perguntas que exigiam respostas sobrenaturais. E o que mais essas perguntas poderiam representar além daquilo que embasa todas as religiões: por que o mundo existe? Por que estou aqui?

Por que tenho que morrer? Esses antigos teriantropos são a melhor evidência que temos de que essas perguntas já fervilhavam na cabeça de nossos ancestrais.

Logo após nossos ancestrais entalharem os primeiros teriantropos nas cavernas, evidências de novas tecnologias começam a surgir no registro arqueológico. Como os chapéus. A primeira evidência de um humano usando um chapéu remonta 25 mil anos atrás, na forma da estátua de Vênus de Willendorf, uma escultura de pedra calcária representando uma figura feminina usando um cocar de contas. Embora eu saiba que os tipos de artefatos que descobrimos sejam apenas uma questão de sorte, acho curioso que a evidência de humanos concebendo o sobrenatural anteceda a nossa usando chapéus. Isso sugere que nossos ancestrais estavam mais preocupados em perguntar por que morremos do que por que sua cabeça ficava molhada quando chovia.

Após o aparecimento de teriantropos e chapéus, a capacidade humana de criar com base em nossa compreensão de causa e efeito decolou de verdade. Há evidências de cerca de 23 mil anos atrás de que um pequeno grupo de humanos que vivia na região onde hoje é Israel tinha descoberto como plantar e colher cevada selvagem e aveia em pequenas áreas agrícolas.[15] Uma compreensão do que causa a germinação das sementes e de como elas podem ser cuidadas ao longo de uma estação de crescimento foi muito importante. Foi assim que passamos a ter o controle preciso sobre o planejamento de nossas refeições. Isso é resultado direto de nossa compreensão de causa e efeito à medida que desenvolvemos um entendimento do comportamento da planta. Um senso mais rudimentar de questões como a gravidade permitiu que os antigos romanos construíssem gigantescos aquedutos, transportando água por grandes distâncias e inclusive bombeando-a para o alto de montanhas. Ao observarmos um rio, ponderamos, de forma bastante notável, por que a água se movia e usamos a resposta a essa pergunta para nos ajudar a construir as cidades antigas.

Perguntar *por que* está por trás de nossas maiores descobertas: por que essa estrela está sempre no mesmo lugar a cada primavera? Assim nasceu o campo da astronomia. Por que tenho diarreia quando bebo leite? Essa pergunta provavelmente incomodava Louis Pasteur, levando à descoberta da pasteurização. Por que meu cabelo fica em pé quando esfrego o pé descalço em um carpete? Agora entendemos isso como resultado de um fenômeno conhecido como "eletricidade". Por que existem tantas espécies diferentes de plantas e animais? Charles Darwin teve uma boa resposta para isso (evolução). Qualquer exemplo de nossa excepcionalidade intelectual — e que diferencie nosso comportamento do de outras espécies — tem as raízes mais profundas nessa habilidade única. Dentre tudo que se encaixa sob o reluzente guarda-chuva da inteligência humana, nossa compreensão de causa e efeito é a fonte da qual nasce todo o restante.

Todos são feitos admiráveis e, de fato, uma vez que começamos a nos "especializar em perguntar *por que*", nossa história se tornou repleta de grandes realizações nas ciências, nas artes e em tudo o que há entre elas. Mas então devemos perguntar: por que demoramos tanto para começar? Por que passamos 200 mil anos *sem* fazer isso?

A resposta é muito simples. Apesar do que nosso instinto nos diz, ser um especialista em *por que* não é grande coisa. Pode parecer importante, mas esse sentimento é fruto do viés humano. Do ponto de vista evolutivo, não tem nada de especial. Na verdade, todos os animais, incluindo os seres humanos por um longo período, se saíram muito bem sem qualquer necessidade de perguntar *por quê*. É hora de repensar essa importância relativa. Embora tenha proporcionado benefícios incontestáveis — como leite pasteurizado —, também é a causa mais provável de nossa extinção iminente. Mas, antes de seguirmos por esse caminho sombrio, vamos primeiro entender como essa especialização difere da maneira como outros animais pensam sobre o mundo.

## O urso atrás do arbusto

No outono passado, fui caminhar na floresta sob um dossel amarelado de folhas de bordo junto com minha amiga Andrea e sua cadela Lucy. De repente, o silêncio da floresta foi quebrado por um forte *baque* que ressoou no chão sob nossos pés. À frente no caminho, as folhas de um arbusto de amieiro farfalhavam. Ficamos paralisados, preocupados de que talvez um urso estivesse à espreita. Fui investigar. Em vez de um urso, encontrei um enorme galho de uma árvore morta há muito tempo, que deve ter rolado alguns metros colina abaixo antes de bater contra o amieiro, gerando aquele som que assustou a nós três.

Esse é um cenário com o qual os animais têm lidado há milhões de anos. A seleção natural é construída sobre inúmeras iterações de animais ouvindo um som repentino, determinando o que ele significa e decidindo como reagir. Para superpredadores como o dragão-de-Komodo (um enorme lagarto indonésio que é conhecido por devorar pessoas), um ruído aleatório no mato pode desencadear curiosidade, pois pode ser uma refeição. Para espécies de presas como esquilos, um ruído repentino pode ser o oposto: um potencial predador ou uma ameaça, o que o faz fugir na direção contrária.

Há apenas duas maneiras pelas quais um animal pode interpretar o significado de um ruído repentino. A primeira é *aprender,* por meio de *associação,* que um ruído alto que emana de trás de um arbusto, muitas vezes, precede o aparecimento de um ser vivo. A segunda é *inferir* que um ruído é *causado* por um ser vivo. Parece sutil, mas essa diferença — entre associações aprendidas e inferência causal — é o ponto em que o pensamento animal não humano termina e do especialista em *por que* começa.

Pense no boodie, também conhecido como canguru-rato. Esse pequenino e bizarro marsupial oriundo da Austrália Ocidental parece um canguru em miniatura com cara de camundongo, cauda grossa de rato e corpo de um esquilo gordo. Eles já foram um dos mamíferos mais populosos da Austrália, mas agora restam apenas 19 mil deles.[16] A quase extinção do boodie se deu devido à introdução de vida selvagem não nativa por colonos europeus, incluindo o infame gato doméstico e a raposa vermelha. No entanto, os boodies não têm um medo natural de gatos ou de raposas. Enquanto a maioria dos marsupiais com um tamanho tão minúsculo fugiria, os boodies apenas permaneceriam parados, despreocupadamente. Não é surpresa que isso os torne presas fáceis. Em um experimento recente, pesquisadores compararam o comportamento de boodies que haviam sido expostos a predadores felinos ao daqueles que estavam vendo um predador felino pela primeira vez.[17] Como você poderia esperar, os boodies que tiveram experiências com predadores semelhantes a gatos fugiram, enquanto os que nunca tinham visto um gato não viram razão para correr. Em outras palavras, os boodies precisaram aprender que gatos e raposas representam uma ameaça. Como resultado, para preservar suas espécies da extinção, os conservacionistas da região têm ensinado ativamente os boodies a temer gatos e raposas, para que, então, possam ser liberados na natureza novamente. Mas não é fácil. Sem um medo instintivo natural, cada boodie precisará experimentar a ameaça em primeira mão para, assim, desenvolver a aprendizagem associativa adequada. Em outras palavras, a autopreservação deve ser ensinada por meio da experiência.

Os seres humanos, por outro lado, podem contornar esse processo e aprender sem necessariamente precisar experienciar em primeira mão. O pensamento especializado em *por que* nos oferece duas habilidades cognitivas que animais como boodies não têm: imaginação e compreensão da causalidade. Os seres humanos são capazes de percorrer mentalmente o que os pesquisadores de primatas Elisabetta Visalberghi e Michael Tomasello chamam de uma infinita "teia de possibilidades"[18] em busca de uma explicação para o que nossos sentidos estão captando. Em seu livro *The Gap: The Science of What Separates Us from Other Animals* [sem publicação no Brasil] — com argumentos sobre essa habilidade específica ser uma diferença fundamental entre a maneira como humanos e animais entendem o mundo —, o psicólogo comparativo Thomas Suddendorf descreve a habilidade imaginativa como uma "capacidade ilimitada de criar cenários mentais aninhados".[19] No exemplo que compartilhei anteriormente, eu era capaz de imaginar qualquer dos animais que já vira antes ao caminhar pela floresta — como porcos-espinhos ou gambás —, perambulando atrás do amieiro e fazendo sons estranhos antes de concluir que devia ser um urso com base em quão alto foi o som.

Mas também sou capaz de imaginar que nunca vivenciei e que entendo abstratamente (por exemplo, ao ler em um romance de ficção científica ou uma série de fantasia). Nesse caso, poderia ser qualquer coisa, tal como a possibilidade de um meteorito ter caído do céu e pousado atrás do arbusto. Esse conhecimento fantasioso é o que a filósofa Ruth Garrett Millikan chama de *fatos mortos*.[20] São fatos sobre o mundo que não teriam qualquer utilidade para um animal em sua vida diária. Animais não humanos, de acordo com Millikan, "geralmente não têm interesse em fatos que não pertencem diretamente à atividade prática. Eles não representam nem se lembram de fatos mortos." Os animais acumulam fatos vivos relevantes para sua vida cotidiana: as abelhas se lembram da localização de um bom campo de dente-de-leão, os cães se lembram do caminho através da floresta que leva à sua lagoa favorita, e os corvos se lembram de qual humano os alimentou em um parque. Mas os humanos acumulam um número aparentemente infinito de fatos inúteis (ou seja, mortos): a distância até a Lua (384.400km), a verdadeira identidade do pai de Luke Skywalker (Darth Vader) ou o vídeo de Paula Abdul que foi estrelado por Keanu Reeves ("Rush Rush"). Nossa cabeça está repleta de fatos mortos — tanto reais quanto imaginados. A maioria deles nunca será útil para nós. Mas eles são a força vital de nossa natureza especializada em *por que*, pois nos ajudam a imaginar um número infinito de soluções para quaisquer problemas que encontremos — seja para o bem ou para o mal.

O segundo componente para ser um especialista em *por que* é a compreensão da causalidade. Causalidade não é apenas saber que há uma correlação entre dois eventos (por exemplo, sempre que meu gato sai da caixa de areia significa que tem um cocô novo), mas também o entendimento de que um evento é a razão para outro acontecer (ou seja, o gato fez o cocô). Isso permite uma compreensão mais completa sobre como as coisas funcionam na natureza.

Existe um longo debate que questiona se qualquer outro animal é capaz de elaborar esse tipo de raciocínio causal. Há um famoso experimento que busca descobrir a presença de inferência causal chamado *experimento da corda* que foi aplicado a mais de 160 espécies animais.[21] O experimento funciona da seguinte forma: é colocado um pedaço de alimento suspenso em um galho ou uma plataforma por uma longa corda. A fim de trazer a comida perto o suficiente para comer, o animal deve içar essa corda. Você ou eu faríamos isso puxando a corda para mais perto com uma das mãos e, em seguida, pegando a comida com a outra, quando esta estivesse ao alcance. O princípio é que você deve travar a corda primeiro antes de tentar pegar a comida. Quando Bernd Heinrich, biólogo mais conhecido por sua escrita e trabalho sobre pássaros, realizou esse experimento com corvos, estes resolveram o problema rapidamente. Eles puxaram uma parte da corda em direção a eles e, em seguida, pisavam nela com um dos pés antes de puxarem a outra parte. Eles não chegaram a essa solução por tentativa e erro. Eles olharam para a corda e pensaram por alguns segundos; depois se moveram de maneira deliberada, puxando e pisando até que a comida chegasse até eles. Isso sugere que entenderam a natureza do problema e os vínculos causais envolvidos (ou seja, a gravidade puxa as coisas para baixo; pisar na corda a mantém no lugar). Heinrich concluiu que *"analisar a situação* antes de executar o comportamento parece ser a explicação mais parcimoniosa para explicar o resultado".[22] Em outras palavras, os corvos primeiro pensaram sobre a natureza do problema, depois examinaram uma série de soluções mentalmente, para só então agir e alcançar o objetivo. Isso prova que os corvos são, em menor grau, especialistas em *por que* como nós? Muitos pesquisadores acreditam que sim.

No entanto, um grupo de pesquisa realizou uma variação do experimento da corda em corvos da Nova Caledônia (que geralmente são especialistas nessa tarefa) que questionou essa conclusão. Os pesquisadores penduraram a corda através de um pequeno buraco em uma tábua, o que dificultou que os corvos vissem o que acontecia enquanto a puxavam. Quando os corvos se depararam com esse problema pela primeira vez, eles, assim como os corvos de Heinrich, pareceram entender que precisavam puxar a corda para alcançar a comida. Mas, depois de puxá-la uma vez e não ver a comida se aproximar, eles pararam de puxar. Sem o feedback visual da comida se aproximando, de repente eles pareceram incapazes de entender o que estava acontecendo. Os autores concluíram que "nossas descobertas sugerem a possibilidade de que o ato de puxar a corda é baseado no condicionamento operante mediado por um ciclo de feedback perceptivo-motor, em vez de em um 'insight' ou um conhecimento causal da 'conectividade' da corda".[23] Em outras palavras, os corvos não tinham uma compreensão causal do que estava acontecendo — eram apenas associações aprendidas (puxar corda = comida mais perto) que não puderem aprender porque *não viram nada*. Os cientistas ainda estão debatendo os resultados desses 160 experimentos de puxar a corda com animais e, enquanto alguns têm certeza de que estes entendem a causalidade, outros afirmam que não, e muitos outros estão convencidos de que o desenho desses experimentos não é suficiente para nos fornecer qualquer conclusão sobre a questão do raciocínio causal em animais.

Na maioria das vezes, não importa se um animal entende a causalidade; ele ainda pode tomar boas (ou más) decisões independentemente disso. Se um cão como Lucy ouve um som repentino vindo detrás de um arbusto e aprendeu que sons aleatórios na floresta são frequentemente correlacionados com a presença de predadores como ursos, ela decidirá, de maneira arrazoada, aproximar-se com cautela. Se eu, por outro lado, ouvir um som e começar a conceber potenciais causas (por exemplo, meteoritos, ursos, um dragão-de-Komodo que escapou do zoológico), acabarei tomando uma decisão igualmente eficaz (abordar com cautela). Tanto Lucy quanto eu podemos fazer inferências idênticas (isto é, chegar a uma conclusão sobre como as coisas são) por meio de vias cognitivas completamente diferentes: eu por meio da inferência causal, e Lucy por meio da boa e velha aprendizagem associativa.

Eis uma experiência que você pode fazer com seu cão para demonstrar a capacidade de raciocínio inferencial e quanto isso é útil para ele, sem a necessidade de compreensão causal. Pegue um petisco de cachorro e coloque-o em seu sapato. Agite o sapato por alguns segundos antes de deixar o cão enfiar o nariz e pegar a guloseima. Agora, sem que ele veja, pegue dois sapatos e coloque o petisco em apenas um deles. Deixe que ele observe enquanto você chacoalha os dois sapatos e, em seguida, estenda os dois diante dele. Com toda certeza, o cão encontrará o petisco na primeira tentativa. Por quê? Porque eles ouvem um sapato fazer barulho (o petisco sacudindo ali dentro) e o outro não. Isso é chamado de inferência diagnóstica.[24] É um tipo avançado de aprendizagem associativa em que o cão descobre que o som e o petisco estão conectados. É importante entender, no entanto, que o cão não compreende que o petisco é a *causa* do som. Isso é inferência causal. Mas o cachorro não precisa disso. Ele encontra a guloseima do mesmo jeito.

A inferência diagnóstica, como você pode imaginar, tem suas limitações. Eis um exemplo no qual nossas habilidades de inferência causal superam a de outros animais. Imagine que estou segurando dois sapatos. Um está cheio de *florps* e o outro, de *bloopers*. Eu lhe mostro uma foto de florps (doces que se assemelham a minimarshmallows) e uma de bloopers (pequenas bolas de metal). Mesmo que você só tenha visto florps ou bloopers nas fotos e não saiba mais nada sobre eles, no momento em que eu agitar os sapatos, você saberá qual tem os bloopers: é o sapato que faz mais barulho. Isso acontece porque você entende as propriedades causais dos objetos em um nível profundo. Objetos macios fazem menos barulho do que objetos duros. Os cães seriam incapazes de fazer isso: precisariam de exemplos dos diferentes sons que esses objetos fazem antes de conseguirem gerar uma aprendizagem associativa.

Claramente, a inferência diagnóstica e a aprendizagem associativa básica têm suas limitações. Sem a compreensão — ou o interesse — da causalidade subjacente, um animal nunca fará o tipo de perguntas que levaram às realizações alcançadas pelo *Homo sapiens*: fogo, agricultura, aceleradores de partículas e assim por diante. Parece óbvio que os seres humanos tenham uma grande vantagem sobre outros animais quando se trata de habilidades de sobrevivência básicas (por exemplo, o que está causando um som) e complexas (por exemplo, saber que os vírus causam doenças) graças à nossa mente. Somos capazes de percorrer uma teia infinita de possibilidades e fatos mortos que nos ajudam na busca pela compreensão causal. Mas isso nos leva de volta ao enigma original: se o entendimento causal é uma vantagem tão óbvia sobre outras maneiras de pensar, por que nossa espécie levou 200 mil anos para começar a usar essa capacidade e dar início à disseminação da civilização moderna? A resposta é que, às vezes, ser um especialista em *por que* leva nossa espécie a uma situação ridícula inesperada, tão prejudicial para nossa espécie (evolutivamente falando) que faz você se perguntar se realmente não seria melhor confiar apenas em associações aprendidas.

## Solução de traseiro de frango

Imagine, por um momento, que estamos de volta em nosso balão de ar viajando pelo tempo, dessa vez visitando o Lago Baringo 100 mil anos atrás. Encontramos o grupo de humanos em um acampamento um pouco mais permanente nas margens do lago. De nosso ponto de vista, presenciamos um evento infeliz, embora comum. Recentemente, um menino foi picado na panturrilha por uma biúta, a serpente mais mortífera da África. Sem tratamento, a probabilidade de ele morrer é grande. Felizmente, uma mulher está correndo com caules de uma grande planta com folhas largas de palma chamadas *ensete*, ou falsa bananeira. Quando ela quebra o talo em dois, uma seiva emerge, e ela rapidamente a esfrega na ferida. Embora não seja tão eficaz quanto o antídoto moderno, essa planta tem propriedades analgésicas e antissépticas (e ainda é usada por moradores locais do Quênia moderno para tratar picadas de serpente).[25] Como esse humano pré-histórico soube fazer isso? Nosso conhecimento ancestral sobre medicina vegetal foi baseado em uma combinação de associações aprendidas e inferência causal. Provavelmente, houve um momento em que um parente ancestral de Baringo cortou o braço enquanto caçava no mato e pegou aleatoriamente algumas folhas de uma falsa bananeira para estancar o sangramento. Alguns dias depois, eles podem ter notado que o corte cicatrizou mais rápido do que o esperado. Eles poderiam ter se perguntado: por quê? Isso teria levado à conclusão de que havia alguma propriedade na folha que ajudava a curar ferimentos. Esse conhecimento teria sido transmitido (por meio da linguagem e da cultura) por milhares de anos, levando à brilhante cura que salvou a vida do menino picado por uma serpente.

Claramente, a inferência causal é uma ferramenta poderosa no arsenal de nossos ancestrais especialistas em *por quê*. Mas isso não quer dizer que sempre funcionou. Às vezes, nossa necessidade de procurar conexões causais cria mais problemas do que soluções. Cria a ilusão de causalidade onde não há nenhuma.

Para entender o que quero dizer, vamos fazer mais uma viagem no balão. Dessa vez, vamos para o País de Gales medieval, por volta do ano 1000 E.C. Estamos flutuando sobre colinas verdejantes com vista para o Mar da Irlanda, onde um grupo de humanos vive em uma pequena aldeia. Daqui a um século, uma fortaleza será construída nesse local por um barão anglo-normando, desencadeando uma série de eventos que acabará por levar à fundação da encantadora cidade costeira de Aberystwyth. Mas, por enquanto, é apenas uma pequena aldeia de moradores de língua galesa que encontraram um problema semelhante ao do nosso clã pré-histórico. Um menino — o filho do líder da aldeia — estava brincando na grama alta quando foi picado por uma víbora-europeia-comum. Embora menos mortal do que a biúta, sua picada ainda pode ser fatal para uma criança, principalmente se não for tratada. Felizmente, há um curandeiro na cidade.

A mãe do menino, que o levou para a casa do curandeiro, embala a cabeça do filho enquanto o veneno faz a ferida em sua panturrilha inchar. O curandeiro se aproxima do menino carregando um galo que pegou em seu galinheiro. Após arrancar algumas penas do rabo para expor a pele do animal, ele pressiona o traseiro agora despenado do galo contra a ferida. Ele continua a realizar esse procedimento por mais de uma hora, então declara o menino curado. A criança, então, é levada de volta para casa, onde morre após algumas horas: o galo teve pouco efeito, e o menino sofreu uma parada cardíaca causada pelo veneno da víbora.

Esse tratamento — a fricção do traseiro de um galo contra uma ferida de picada de serpente — era uma das soluções médicas aceitas para tratar picadas de serpente em toda a Europa na época. Um texto médico do País de Gales escrito no final do século XIV fornece diretrizes claras: "Para picada de serpente, se for um homem [que foi picado], pegue um galo vivo e coloque o traseiro do animal na picada e deixe-o lá, e isso fará bem. Se for uma mulher, pegue uma galinha viva da mesma maneira, e isso eliminará o veneno."[26]

O mesmo manuscrito galês medieval inclui outros remédios médicos, como uma cura para a surdez que consistia em inserir uma mistura de urina de carneiro, bile de enguia e seiva de freixo no ouvido. Para se livrar de um tumor canceroso, bastava ferver um pouco de vinho com esterco de cabra e farinha de cevada e esfregar no tumor. Além disso, não há razão para se preocupar em morrer de uma picada de aranha; aranhas são perigosas apenas entre setembro e fevereiro e, se você for picado durante esse período, basta esmagar algumas moscas mortas e esfregá-las na picada que você ficará bem. Isso tudo pode parecer ridículo para os leitores modernos, mas ocasionalmente — seja por sorte ou pela aplicação de inferência causal que, por acaso, estava correta —, a medicina medieval funcionava. Às vezes até melhor do que a medicina moderna. Os cientistas encontraram recentemente um tratamento potencial para MRSA, a superbactéria resistente a antibióticos, no *Bald's Leechbook* — um texto médico do século IX — na forma de uma pomada feita de cebolas, alho-poró, alho e bile de vaca.[27]

A história da medicina é a inferência causal em ação: a comunidade de especialistas em determinado tempo e lugar se concentrou em *por que* a doença acontece e como e *por que* as pessoas morrem de ferimentos — buscando não só correlação, mas causalidade. Isso levou ao desenvolvimento de um elaborado paradigma teórico — agora relegado à lixeira da história — chamado *humorismo*. Se você nunca ouviu falar disso, não se preocupe. Quase ninguém vivo hoje conhece esse nome, e por uma boa razão.

No entanto, o humorismo foi o paradigma médico dominante na Europa por quase 2 mil anos. A civilização ocidental é construída com base nesse, atualmente, extinto e desacreditado, sistema médico. Qualquer figura famosa da história ocidental antes do século XIX — Júlio César, Joana d'Arc, Carlos Magno, Leonor da Aquitânia, Napoleão — teria conhecido e acreditado no humorismo.

Ele surgiu pela primeira vez como um conceito em torno de 500 A.E.C., na Grécia Antiga. A palavra *humor* é uma tradução da palavra grega χυμο΄ς, que literalmente significa *seiva*. Foi o médico grego Hipócrates (famoso pelo juramento de Hipócrates) que mais foi associado à popularização da ideia. Ele o descreveu da seguinte maneira:

"O corpo humano contém sangue, fleuma, bile amarela e bile negra. Esses são seus componentes e o que causa suas dores e sua saúde. A saúde é, principalmente, o estado em que essas substâncias constituintes estão na proporção correta entre si, tanto em força quanto em quantidade, e estão bem misturadas. A dor ocorre quando uma das substâncias apresenta deficiência ou excesso, ou é separada no corpo e não misturada com outras."[28]

Galeno, médico grego do século II e início do III, e Avicena, médico e polímata persa do século X, são considerados os responsáveis pela expansão dessas ideias que criaram a então moderna forma de humorismo em voga na época em que visitamos o País de Gales em nosso balão da viagem no tempo. Desequilíbrios nos humores definem como a doença surgiu. Os próprios humores — sangue, fleuma (muco), bile amarela e bile negra — eram compostos de quatro opostos: quente, frio, úmido e seco. A bile amarela era quente e seca, o sangue era quente e úmido, o muco era frio e úmido, e a bile negra era fria e seca. Esses quatro opostos compunham tudo no universo, incluindo os quatro elementos: fogo, água, ar e terra. O fogo, por exemplo, seria quente e seco, enquanto a água, fria e úmida. O conhecimento dessas forças opostas poderia ser usado por um médico para curar qualquer doença. Alguém com febre ficaria muito quente e muito seco, desequilibrando seus humores (ou seja, criando uma abundância de bile amarela). Tratar a febre, portanto, envolvia expor o paciente a algo frio e úmido — como alface — para restaurar o equilíbrio dos humores.

A explicação para a solução do traseiro de galo para a picada de serpente tem raízes no humorismo, embora o manuscrito galês não entre em detalhes sobre isso. No entanto, o pensamento era que aplicar a solução do traseiro de um galo em uma ferida de picada de serpente ajudaria a extrair o veneno da pessoa e o transferir para o galo. Isso, é claro, ocorreria por causa da combinação mágica de desequilíbrio de humores e dos opostos.[29]

O humorismo era um sistema médico maravilhosamente complexo, todo construído sobre a base da inferência causal. Os praticantes tinham razão a respeito do fato de que doenças e lesões envolvem mudanças — e problemas — com as muitas substâncias no corpo que regulam nossa biologia, incluindo sangue, bile etc. Contudo, eles estavam errados sobre a mecânica da causalidade. O humorismo foi substituído pela medicina moderna em meados do século XIX. A medicina moderna nasce do método científico que incorpora uma técnica fundamental para identificar a diferença entre correlação e causalidade: o ensaio clínico.[30] Com ele, você pode fazer uma inferência sobre a causalidade (como se esfregar os traseiros de galo em uma ferida fizessem com que o veneno saísse do corpo) e submetê-lo à verificação. Você poderia, por exemplo, oferecer a cem pacientes picados por serpente um tratamento com traseiros de galo; a outros cem pacientes, um placebo (como esfregar um pão de alho na ferida); e a mais cem, nenhum tratamento. Se, ao analisar os resultados, você descobrir que os três grupos tiveram a mesma taxa de cura, então saberá que traseiros de galo (e pão de alho), de fato, não curam feridas de picada de serpente. Com um trabalho reverso, você pode testar todas as suposições subjacentes do humorismo até, enfim, descobrir que as inferências sobre como os humores funcionam estavam erradas o tempo todo.

É claro que o método científico e os ensaios clínicos nem *sempre* produzem resultados precisos. Durante muito tempo, o método científico nos levou a acreditar que a causa das úlceras gástricas era o estresse — até que, em 1984, Barry J. Marshall e J. Robin Warren demonstraram que a bactéria *Helicobacter pylori* era a causa-raiz. Eles descobriram isso depois que Marshall retirou algumas bactérias do estômago de um paciente com gastrite, adicionou a uma xícara de caldo e bebeu. Ele desenvolveu gastrite três dias depois: evidência de que a bactéria era a culpada. Infelizmente, leva tempo para o método científico descobrir fenômenos reais, o que possibilita que, enquanto isso, nossos anseios de especialistas em *por que* produzam respostas ruins ao estilo do humorismo. E respostas ruins às grandes perguntas são mais do que apenas um inconveniente; às vezes elas são tão ruins que faz você se perguntar se o fato de sermos especialistas em *por que* pode significar a derradeira queda de nossa espécie.

## Especialistas em *por que* são especiais?

Somos dotados da habilidade de "especialistas em *por que*" desde o momento em que nossa espécie surgiu nas margens do Lago Baringo, mas, durante a maior parte da pré-história, ela não significou muito. Nossos números populacionais foram iguais aos dos chimpanzés por 100 mil anos. Em termos de evolução dos hominídeos, apenas muito recentemente (ou seja, 40 mil anos atrás) os avanços tecnológicos como a agricultura — um produto de nossa compreensão sobre por que as plantas crescem — permitiram nos assentar e, geração após geração, ampliar nossa população em níveis que nos colocaram no caminho para a dominação global. Por um lado, isso prova que ser um especialista em *por que* ajudou nossa espécie a proliferar em um grau absurdo em comparação com nossos primos chimpanzés não especialistas.

Mas o que isso significa em termos de responder se o modo de pensar humano — nossa inteligência desenvolvida sobre uma base de especialização em *por que* — é, de fato, especial, excepcional ou até mesmo boa? O fato de os chimpanzés e os humanos terem vivido lado a lado ao longo das margens do Lago Baringo em pé de igualdade e com níveis semelhantes de sucesso durante cem milênios sugere que ser um especialista em *por que* não foi um triunfo evolucionário logo de cara. Na verdade, pelo que sabemos sobre o sucesso de espécies animais não humanas, é claro que os animais podem tomar decisões incrivelmente úteis sem a necessidade de perguntar por que as coisas acontecem e, de fato, às vezes a compreensão causal é inferior às formas menos complexas de pensar sobre o mundo (tal como a aprendizagem associativa).

Nas páginas finais de sua abrangente revisão sobre a inferência causal em animais, os etólogos cognitivos Christian Schloegl e Julia Fischer concluíram que "de uma perspectiva evolutiva, realmente não importa se o animal raciocina, associa ou expressa comportamento inato, desde que alcance o objetivo".[31] Amém. Por todos os relatos, os animais não humanos estão se saindo muito bem neste mundo sem uma compreensão profunda da causalidade.

Por exemplo, os seres humanos não são a única espécie que descobriu que as plantas podem ser usadas como remédio; outras espécies chegaram a essa mesma conclusão por meio da aprendizagem associativa. Há uma planta na África chamada folha amarga — *Vernonia amygdalina* —, um membro da família das margaridas usado pelos humanos modernos para aliviar os sintomas da malária e dores de estômago, bem como para combater parasitas intestinais. Chimpanzés foram observados coletando essa mesma planta, removendo as folhas e a casca externa e mastigando a seiva amarga. Não é uma planta que eles normalmente comem e, provavelmente, tem um gosto tão horrendo para um chimpanzé quanto para um humano. Os cientistas determinaram que os chimpanzés só praticam esse comportamento quando têm altos níveis de parasitas intestinais; e, de fato, a carga parasitária parece diminuir após a ingestão.[32] Eles aprenderam a associar a ingestão dessa planta ao alívio das cólicas intestinais. É importante ressaltar que esses chimpanzés não devem se importar muito com *por que* isso funciona, apenas que funciona. Usando apenas a aprendizagem associativa e não a inferência causal, os chimpanzés — e muitas outras espécies, desde pássaros que comem barro para dor de estômago até elefantes que comem casca para induzir o parto — são capazes de descobrir como se automedicar.[33]

Eis uma pergunta para ilustrar o poder da aprendizagem associativa. Se você suspeitasse que tem câncer de mama, quem preferiria que analisasse sua mamografia? Um radiologista com trinta anos de experiência no diagnóstico de câncer ou um pombo? Se você preza sua vida, ficaria surpreso se eu lhe dissesse para escolher o pombo? A capacidade de aprendizagem associativa, aliada à acuidade visual dos pombos, dá a eles uma vantagem sobre os radiologistas quando se trata de detectar câncer. Na verdade, há um estudo que testou isso, e os resultados são fascinantes.

Usando uma antiga e tediosa forma de aprendizagem associativa chamada condicionamento clássico, pesquisadores treinaram pombos para bicar imagens mostrando tecido mamário canceroso. Após passar alguns dias aprendendo a diferenciar visualmente um tecido canceroso de um não canceroso, os pombos receberam um conjunto de novas imagens de tecido mamário para diagnosticar. Eles identificaram com precisão o tecido canceroso 85% das vezes. Ao agrupar as respostas dos quatro pássaros, os níveis de precisão saltaram para 99%. Esse grupo de pombos "oncologistas" se saiu melhor do que os radiologistas humanos que receberam a mesma tarefa.[34]

Assim como os humanos, os pombos têm a acuidade visual e o aparato perceptual para notar a diferença de detalhes entre tecido canceroso versus benigno e a capacidade cognitiva de classificar esses dois tipos de tecido em categorias conceituais separadas. Nesse tipo de tarefa, ser um especialista em *por que* não oferece vantagem aos seres humanos. Tudo o que você precisa é de um sistema visual aguçado e de aprendizagem associativa básica para que um pombo supere um radiologista quando se trata de detectar tecido canceroso.

Mas o que, de fato, coloca em questão a excepcionalidade e os supostos benefícios gerais de ser um especialista em *por que* são as consequências negativas. Considere as possíveis consequências da maneira como um humano (em oposição a um chimpanzé) abordaria a questão da causalidade no caso de usar folhas amargas para curar uma dor de estômago. É fácil imaginar um cenário em que nossa condição de especialista nos leve a perguntar "Por que me sinto melhor quando como folhas amargas?" e nos enveredar por um caminho obscuro. Um ser humano poderia concluir que a planta contém propriedades sobrenaturais concedidas por um deus benevolente. A planta poderia, então, ocupar um lugar sagrado na sociedade e ser usada em rituais para extrair suas propriedades mágicas. Talvez ela fosse usada em uma cerimônia especial, fervida em um caldo forte dado a bebês recém-nascidos, para lhes dar resiliência sobrenatural em sua jornada pela vida. Como resultado, muitos bebês morreriam em decorrência das toxinas concentradas na planta.

A história de nossa espécie está repleta desse tipo de respostas terríveis. Segundo Samuel George Morton, médico norte-americano do século XIX, o motivo de os humanos de diferentes partes do mundo terem aparências distintas (por exemplo, pele mais clara ou mais escura, altura maior ou menor, diferentes formatos de nariz e de olhos) era o poligenismo. O poligenismo é a ideia de que diferentes populações de humanos modernos evoluíram de linhagens separadas de hominídeos primitivos ou foram criadas separadamente por Deus. De uma forma ou de outra, de acordo com Morton, é possível ver as diferenças nessas populações (que ele agrupou em cinco raças) ao observar seus crânios: o das pessoas brancas seria o maior e mais redondo, portanto contendo mais matéria cerebral e, obviamente, essas pessoas seriam as mais inteligentes. Mencionei que Morton era branco? Em seu infame livro *Crania Americana*, ele descreve a "Raça Caucasiana" como "distinguível pela facilidade com que atinge os mais altos dons intelectuais".[35] Sabemos, agora, que a premissa básica desse argumento está errada. Não há relação entre o tamanho do crânio (e, portanto, o tamanho do cérebro) e a inteligência. Há dezenas de exemplos de pessoas que tiveram metade do cérebro removida ou sofreram de hidrocefalia, na qual o fluido em seu crânio reduz o tamanho cerebral a uma pequena porcentagem de um cérebro humano normal, que levam vidas completamente normais e têm QIs completamente normais. Para os humanos, o tamanho do cérebro é completamente desconectado da capacidade cognitiva. Conforme veremos em capítulos posteriores, há boas razões para acreditar que o tamanho do cérebro também não é preditor de inteligência em animais. Foi esse tipo de racismo — o racismo científico — que alimentou a justificativa para a escravidão nos Estados Unidos e a supremacia branca que persistiu por séculos e gerou um sofrimento incalculável a milhões de pessoas. Tudo isso com base em uma resposta horrível (e completamente errada) a uma pergunta que, de outra forma, seria inocente.

O que é pior, o próprio futuro de nossa espécie está ameaçado por causa de respostas involuntariamente horríveis a *por quês*. O motor de combustão interna é uma maravilhosa peça de tecnologia que nos permite criar pequenas explosões capazes de girar um eixo, impulsionando rodas, turbinas a jato e outras utilidades. Ele é fruto da resposta a por que o calor e a pressão fazem com que os objetos se movam. Infelizmente, o combustível que queimamos para fazer essas pequenas explosões (como madeira, carvão, gasolina) libera dióxido de carbono, que sobe para a atmosfera, onde absorve e irradia calor. Os milhões de motores de combustão operados no século passado geraram tanto dióxido de carbono extra na atmosfera que a Terra está aquecendo muito rapidamente, o que, como os cientistas climáticos vêm alertando há algum tempo, é desastroso. Tão desastroso que está começando a desgastar o próprio tecido de nossas sociedades e, de acordo com a Global Challenges Foundation, contribuiu para a possibilidade de que nossa espécie se extinga dentro de um século.[36] Então, sim, os chimpanzés não podem fazer lâminas de pedra ou motores de combustão, pois não têm capacidade de perguntar *por que* da mesma forma que os humanos, mas também não estão causando a própria ruína, em termos evolutivos.

A evolução ainda está decidindo como considerar a capacidade humana de raciocínio causal. Resta ver como o futuro de nossa espécie será impactado por nossa natureza de especialistas em *por quê*. A solução para as ameaças existenciais que criamos para nós mesmos (como a mudança climática) estará enraizada no mesmo sistema cognitivo de inferência causal que as criou. É uma questão em aberto se uma solução chegará a tempo ou se nossa natureza de especialistas em *por que* condenou a todos.

A moral da história é que não é preciso ter uma compreensão de causalidade como a dos especialistas em *por que* para ser uma espécie bem-sucedida (na verdade, isso pode até ser prejudicial). Também não é preciso ter uma compreensão da causalidade para se tornar um day trader milionário. Mike McCaskill passou duas décadas baseando suas decisões de compra de ações em sua cuidadosa compreensão de causa e efeito no mercado de ações. Mas, na verdade, tudo não passa do tipo de aposta aleatória que Orlando, o gato, também é capaz de fazer. "Meu pai diz que estou apenas jogando", disse Mike. "Se eu tivesse investido em outro negócio, teria ficado rico há muito tempo."

Você pode usar o raciocínio especializado em *por que* para escolher as ações e os títulos em sua carteira, se quiser, ou pode deixar que seu gato os escolha para você. A ilusão de superioridade intelectual sobre seu gato em virtude de sua aptidão de especialista é apenas isto: uma ilusão.

CAPÍTULO 2

# Para Ser Sincero

*O poder e as armadilhas da mentira*

Então o que é a verdade? Um conjunto móvel de metáforas, metonímias, antropomorfismos, enfim, uma soma de relações humanas, que foram enfatizadas poética e retoricamente, transpostas, adornadas, e que, após longo uso, parecem, aos olhos de um povo, sólidas, canônicas e obrigatórias. As verdades são ilusões que esquecemos que o são.

— **NIETZSCHE**[1]

Sally Greenwood conheceu Russell Oakes em 2004 em sua clínica de osteopatia no vilarejo de Standish, Inglaterra, a uma curta distância de carro de seu pitoresco haras perto das praias de Formby. Os osteopatas manipulam as articulações e os músculos de um paciente para tratar lesões e doenças, que é exatamente o que Oakes fez para aliviar a dor nas costas de Greenwood.

Durante uma de suas sessões, Oakes revelou algo surpreendente: suas técnicas osteopáticas, que funcionavam em humanos, poderiam ser facilmente aplicadas a animais. Intrigada com as alegações do osteopata, Greenwood o convidou a ir até o haras para aplicar as técnicas em seus cavalos. Foi um sucesso! Logo depois, Oakes passou a ser o terapeuta de equinos oficial de Greenwood.

Menos de dois anos após eles se conhecerem, Greenwood soube que Oakes havia recebido um diploma de médico veterinário e estava registrado no Royal College of Veterinary Surgeons, órgão regulador da profissão na Inglaterra. Ele contou a ela que obteve o diploma mais rápido por causa de seu treinamento prévio em osteopatia.[2] Ela, então, o convidou a montar sua nova clínica veterinária no haras que ela mantinha; ele aceitou o convite com satisfação, fundando a Formby Equine Vets em 2006. Greenwood ficou impressionada com a habilidade, o conhecimento e com o que ela se referia como "talento natural" do homem. Logo após a abertura da clínica, ele salvou a visão de um de seus cavalos e diagnosticou corretamente um problema na perna em um de seus caros cavalos de adestramento.[3]

Mas nem todos ficaram impressionados. Seamus Miller, um veterinário que era especializado em equinos do Rufford Veterinary Group, nas proximidades de Lancashire, ficou perplexo com a velocidade com que Oakes recebera o diploma.[4] Como osteopata em tempo integral, como ele poderia ter frequentado a faculdade de veterinária ao mesmo tempo? "Ele era conhecido pela comunidade veterinária como um osteopata de Standish", disse Miller ao *Liverpool Echo*. "Parecia incongruente que ele, de repente, tivesse um diploma de médico veterinário." Normalmente, no Reino Unido, esses diplomas requerem cinco anos de estudo intenso e em tempo integral, o que seria impossível de realizar junto com a prática clínica. Ele também tinha dúvidas sobre a experiência em veterinária de Russel após vê-lo interagir com os cavalos. "Vimos o resultado de alguns de seus trabalhos", disse ele. "Não tinha o padrão de qualidade esperado." Miller decidiu fazer a própria investigação e entrou em contato com o Royal College of Veterinary Surgeons, mas tudo parecia em conformidade. Eles lhe asseguraram que Russel Oakes era um membro, que sua situação era regular e que estava tudo certo com seu diploma.[5]

Então, em fevereiro de 2008, Miller foi chamado para uma fazenda em Ainsdale para lidar com uma emergência provocada por Russel. Ele fora contratado pela fazenda para castrar um pônei galês de 4 anos chamado Roo.[6,7] Testemunhas relataram que ele havia se atrapalhado com o anestésico (levando mais de vinte minutos para misturá-lo) e teve dificuldade em encontrar uma veia para aplicá-lo. Quando chegou a hora da cirurgia, Russel cortou uma artéria, provocando uma hemorragia descontrolada. Foi então que Miller foi chamado para salvar a vida de Roo (e conseguiu). Ele reportou o incidente ao Royal College of Veterinary Surgeons e insistiu que investigassem Russel. E desta vez, eles o investigaram.

Acontece que Oakes não era veterinário. O diploma pendurado em sua parede oriundo da Universidade Murdoch da Austrália foi comprado de uma empresa online que vende diplomas falsos. Na sequência, a polícia local iniciou uma investigação sobre suas atividades e descobriu um longo histórico de comportamento fraudulento. Na clínica de osteopatia, ele falsificou resultados laboratoriais para convencer uma mulher idosa de que ela tinha problemas cardíacos e renais e usou um exame de sangue falso para diagnosticar alergias em um menino de 5 anos, que ele, então, colocou em uma dieta sem glúten. Isso fez com que o menino emagrecesse tanto que acabou hospitalizado.[8]

Russell Oakes foi preso, porém não conseguia entender o motivo para tanto alarde. Ele disse à polícia que acreditava que o diploma veterinário que recebera online era verdadeiro.[9] Insistiu que tudo o que fizera foi motivado por seu desejo sincero de ajudar a aliviar o sofrimento em humanos e animais, e que ele era inocente de qualquer delito. Em uma entrevista à revista *Horse & Hound*, um dos principais investigadores do caso — o detetive John Bolton, do Departamento de Investigações Criminais da Polícia de Merseyside — explicou que Russell Oakes "mentiu em todos os interrogatórios policiais e não mostrou absolutamente nenhum remorso. Ele parecia sinceramente convencido de sua inocência."

Russell Oakes mentiu tanto e tão bem que conseguiu enganar a si mesmo, o que, no que diz respeito à condição humana, não é surpreendente. Você, eu e Oakes somos todos mentirosos habilidosos, compartilhamos dessa mesma natureza. Assim como nossa capacidade de inferência causal, a capacidade humana de mentir é um dos pilares que moldou o sucesso de nossa espécie. Como todo comportamento humano, a mentira tem raízes e análogos no reino animal, mas nossa espécie a levou a extremos absurdos. Conforme veremos neste capítulo, a vontade de elaborar e acreditar em mentiras ajudou nossa espécie a prosperar. E, infelizmente, isso também pode se tornar nossa desgraça.

## As origens da falsidade

Para entender como o *Homo sapiens* desenvolveu a capacidade de mentir, é importante entender a evolução da comunicação no reino animal de maneira mais ampla. Como os biólogos definem a comunicação? Eis uma delas: um método para transmitir um sinal contendo informações *verdadeiras* para outra criatura com o objetivo de alterar seu comportamento.

A comunicação tem sido central para o mundo biológico desde o surgimento da vida. Considere as pétalas amarelas de um dente-de-leão. Elas evoluíram para transmitir informações precisas aos insetos polinizadores sobre a presença de néctar e de pólen. Os insetos desenvolveram (em conjunto com as flores) a capacidade de decodificar essa informação. A flor, então, está sinalizando para os insetos que há alimento, o que altera o comportamento deles (ou seja, faz com que pousem na flor). Esse sistema de comunicação é benéfico para ambas as partes: o inseto recebe comida, e o pólen da flor se espalha à medida que ele voa de flor em flor.

Quase toda a comunicação no reino animal funciona por meio da transmissão de informações úteis e precisas. A rã-morango tem um tom de vermelho brilhante: um sinal visual para outros animais de que ela contém toxinas letais. Mas a intenção da rã não é transmitir essa informação; ela simplesmente nasceu assim e não tem ideia do que sua cor significa. Os predadores de rãs, como as cobras, nascem com um conhecimento instintivo de que uma rã de cor vermelha é desagradável ao paladar. Não é algo que eles precisam aprender por tentativa e erro. Ao avistarem uma rã vermelha, eles mantêm distância. Ostentar cores brilhantes (como a rã-morango), ter listras de alto contraste (como um gambá) ou fascinantes pontos azuis (como o polvo-de-anéis-azuis) é chamado de *sinalização aposemática*: em grego, *apo* significa *longe* e *sema* significa *sinal*. Nós também nascemos com um medo instintivo de sinais aposemáticos relevantes para nossa história evolutiva.

Os seres humanos são programados para serem cautelosos, por exemplo, com formas triangulares, como o padrão em ziguezague na pele de uma cascavel.[10] Esse medo antigo pode ser a causa-raiz da *aicmofobia*, "um medo mórbido de objetos afiados ou pontiagudos (como tesouras ou agulhas)",[11] que vai além de coisas obviamente perigosas, como cobras, facas e agulhas. Para aqueles que têm um caso grave de aicmofobia, mesmo o canto pontudo de uma mesa provoca o mesmo tipo de resposta de medo que ao ver uma cascavel.

No entanto, nem toda a comunicação animal é confiável. O reino animal está repleto de espécies que desenvolveram características morfológicas que também transmitem informações ambíguas, o que nos leva a definir outro termo.

Dissimulação: um método para transmitir um sinal contendo informações *falsas* para outra criatura com o objetivo de alterar seu comportamento.

Em biologia, um exemplo clássico de um sinal enganoso é uma espécie que finge parecer um objeto ou outro animal. É um fenômeno chamado *mimetismo*. Bichos-pau são o exemplo clássico. São insetos cujo corpo é idêntico a gravetos ou galhos de árvores. Temos, também, os peixes-borboleta, que têm uma grande mancha preta nos flancos (chamada de mancha ocular ou ocelo), que cria uma ilusão visual de que seu corpo é a cabeça de um predador. O mimetismo batesiano é uma forma de mimetismo em que um animal inofensivo evoluiu para imitar a sinalização aposemática de um animal perigoso. O escaravelho-vespa, por exemplo, tem listras pretas e amarelas que os faz se assemelhar às mortais vespas-capa-amarela, mas são inofensivos. As moscas-das-flores (que não picam) têm coloração listrada que as faz parecer exatamente como uma abelha.

A rã-venenosa-sanguínea é vermelha como a rã-morango, mas não é venenosa. O mimetismo batesiano é um mecanismo de defesa barato (de uma perspectiva evolutiva) para impedir potenciais predadores. Não são necessárias muitas mutações ou alterações na genética e na morfologia para que uma mosca-das-flores evoluísse listras, comparativamente às diversas mutações necessárias para gerar um ferrão venenoso verdadeiro. O ferrão é um mecanismo de defesa fantástico, mas produzir veneno requer muita energia e recursos celulares. Ao fingir ser um animal com ferrão sem realmente desperdiçar energia na manutenção do mecanismo de ferrão/veneno, as moscas-das-flores encontraram uma espécie de brecha no sistema de sinalização comunicativa; um atalho evolutivo que emprega o que geralmente é um sinal verdadeiro (onde há listras, há um ferrão) para a dissimulação (há listras, mas não há ferrão).

É importante entender que a palavra *dissimulação* não traz nenhuma conotação negativa na biologia ao descrever a comunicação animal. Pensamos na dissimulação como algo que as pessoas más fazem para fins nefastos. A dissimulação no reino animal, contudo, significa apenas um sinal comunicativo que fornece informações imprecisas. Na maioria dos casos, o sinal comunicativo é parte da morfologia do animal (como a cor da pele de uma rã), sem que o animal tenha consciência da imprecisão das informações que está transmitindo. Para animais não humanos, sinais enganosos (como o mimetismo) ocorrem sem a intenção de enganar e sem o conhecimento de que o próprio sinal é enganoso.

Compare isso ao comportamento de Russell Oakes. Ele tinha controle consciente de sua comunicação enganosa e pretendia ludibriar Sally Greenwood, deturpando a imagem de quem e o que ele era. Ele sabia que estava mentindo e que Greenwood acreditaria em suas mentiras. Para alcançar esse feito, os humanos desenvolveram várias características cognitivas que nos tornam enganadores habilidosos. Mas nossa capacidade de enganar intencionalmente os outros tem, como sempre, raízes e análogos no reino animal, conforme veremos na próxima seção.

## A intenção é tudo

A comunicação animal que analisamos até agora pode ser descrita como passiva ou não intencional: é apenas uma propriedade física do animal (como os dentes caninos gigantes de um babuíno ou os chifres de um alce macho) que evoluiu para enviar uma mensagem específica. No entanto, os animais também podem se comunicar de maneira ativa e intencional. Considere um gato doméstico. Quando o gato quer transmitir que está descontente, ele agita a cauda e, por vezes, a bate no chão. O bater da cauda é um sinal de que os gatos evoluíram para transmitir informações importantes sobre seu estado emocional para outros gatos. É sincero: o comportamento está precisamente correlacionado ao estado emocional negativo do gato.

No entanto, surge uma pergunta: o bater de cauda do gato é intencional? Se um animal decide gerar um sinal comunicativo com o objetivo de alcançar algo, significa que podemos descrevê-lo como intencional. A comunicação intencional nos animais tem o objetivo de mudar o comportamento de outro animal. E, por terem esse objetivo em mente, eles monitoram a situação, a fim de verificar se seus sinais comunicativos estão surtindo o efeito desejado. Por exemplo, quando meu gato Oscar bate a cauda enquanto o acaricio, é porque ele quer que eu pare de acariciá-lo. O bater da cauda é apenas um dos muitos sinais que os gatos têm no repertório comportamental para indicar que estão descontentes. Se eu não entender o que Oscar pretende, ele tentará outro sinal comunicativo um pouco mais claro, como morder minha mão. Ele faz a escolha (intencional) de me morder com o objetivo de me fazer parar de acariciá-lo (ou seja, mudar meu comportamento). Oscar percorrerá todos os sinais comunicativos em seu repertório correlacionados a seu estado emocional negativo (como batidas de cauda, morder, uivar, arranhar) até que o objetivo pretendido seja alcançado.

O sinal de Oscar ao bater a cauda é sincero, pois é uma representação precisa de seu estado emocional. Às vezes, no entanto, os animais produzem sinais comunicativos intencionais que não são sinceros, nos quais parecem pretender enganar com informações falsas sobre si mesmos, seu estado emocional ou seus pensamentos. Pense nas galinhas.

Em *Sobre a Genealogia da Moral*, Nietzsche escreveu que "o homem infeliz... é como uma galinha com uma linha traçada em torno dela. Ele não consegue sair de dentro do círculo desenhado".[12] Esse resumo desalentador da condição humana se refere a um comportamento das galinhas no qual, se você segurar uma galinha, depois posicionar o bico dela contra o chão e desenhar um risco na terra na frente dela (ou um círculo ao redor dela), ela ficará completamente imóvel. Por quê? Não tem nada a ver com o risco. É porque você a imobilizou e a segurou contra o chão. Os cientistas chamam esse fenômeno de *imobilidade tônica*, ou uma forma de fingir de morto.[13] Quando ameaçados, os gambás também se fingem de mortos, virando de costas e colocando a língua para fora. É um comportamento generalizado observado em cobras, aranhas, insetos, peixes, pássaros e sapos. É eficaz porque a maioria dos predadores evita comer um animal morto (e possivelmente podre). Ao se fingir de morta, uma galinha está fornecendo informações falsas sobre estar em estado de decomposição. É uma forma de comportamento enganoso que a galinha usa para manipular um potencial agressor, impedindo-o de comê-la.

Um comportamento semelhante é encontrado em muitas espécies de aves que nidificam no chão. A batuíra-melodiosa, que constrói ninhos em dunas de areia, faz algo chamado de *exibição de asa quebrada*. Quando um predador percebido se aproxima de um ninho de batuíra, a mãe voa e grasna, na esperança de atraí-lo e afastá-lo do ninho. Então, ela faz algo notável: voa até o chão e começa a andar de modo desajeitado, arrastando as asas. Parece que ela está com a asa quebrada. A maioria dos predadores fica bastante interessada em perseguir um pássaro "ferido", porque isso facilita a refeição. Mas é tudo um golpe. Quando a ameaça está longe o suficiente de seu ninho, ela abandona a encenação e voa para longe, em segurança.

A exibição de asa quebrada evoluiu em batuíras-melodiosas para ser um ato de dissimulação, e é um ardil bastante inteligente. Como ela monitora o comportamento para ver se a dissimulação está funcionando, é um exemplo de engano intencional. Mas há enganadores ainda mais inteligentes por aí. Algumas espécies se envolvem em um comportamento chamado *engano tático*, que é o mais próximo da mentira humana que você encontrará no reino animal. O engano tático pode ser definido como "um indivíduo ser capaz de usar um ato 'sincero' de seu repertório normal em um contexto diferente para enganar indivíduos familiares".[14] A definição vem dos psicólogos evolucionistas Richard W. Byrne e Andrew Whiten, que introduziram o conceito em uma série de artigos, descrevendo o comportamento enganoso de babuínos e outros primatas. A ideia por trás do comportamento enganoso é um animal se aproveitar de um sinal comunicativo, usado para transmitir informações verdadeiras na maior parte do tempo, para confundir outro animal. A diferença é a veracidade da informação. A exibição de asa quebrada da batuína-melodiosa ou o fingir-se de morta da galinha são intencionalmente enganosos, o que significa que não se encaixam na definição de engano tático. Só é engano tático se o animal tomou a decisão de usar um sinal sincero de maneira enganosa, forçando o receptor a interpretar mal a situação.

Pesquisadores encontraram exemplos de engano tático em primatas, cães e pássaros, mas meu exemplo favorito vem da sépia, uma espécie de cefalópode. Essa classe de moluscos tentaculares inclui polvos e lulas e vem ganhando uma reputação por demonstrar mais capacidades cognitivas do que você poderia esperar de primos próximos de caracóis e lesmas. As sépias se assemelham a lulas e levam vidas sociais surpreendentemente complexas. Vivendo na costa leste da Austrália, elas se reúnem em grandes grupos sociais, o que por si só é uma bela visão: células de pele repletas de pigmentos chamadas *cromatóforos*, que funcionam como uma espécie de tinta virtual em uma tela de e-reader, transformando seus corpos em exibições visuais elaboradas. Esses padrões e formas intrincados são usados para camuflagem e comunicação. Ao longo do dia, as sépias machos normalmente exibem um padrão listrado distinto, enquanto as fêmeas, um padrão de manchas irregulares.

Quando se trata de hábitos de acasalamento, as sépias machos não toleram subordinados menores do mesmo sexo nas proximidades ao cortejar as fêmeas. Os cientistas observaram que machos menores se envolvem em uma forma rara e astuta de engano tático, para ludibriar os machos dominantes e aumentar as chances de acasalar com fêmeas sem levantar suspeitas.

Quando um macho menor é pego cortejando uma fêmea pretendida pelo macho dominante, ele se posicionará entre ambos. Em seguida, faz algo milagroso. No lado voltado para o macho rival, sua coloração muda, para se assemelhar ao padrão manchado de uma fêmea. No lado voltado para a fêmea, ele mantém o padrão de coloração normal intacto. O macho maior será enganado ao pensar que são duas fêmeas, e o menor continuará a corte conforme planejado.[15] O que torna esse ardil um engano *tático* (e não mera dissimulação) é que o sinal em si — o padrão manchado — normalmente é um sinal sincero que indica feminilidade. O que é ainda mais ardiloso é que eles só se envolvem nesse comportamento na presença de um único macho. Se houver mais machos por perto, eles não se dão ao trabalho, já que diferentes ângulos de visão revelarão a dissimulação. Essa capacidade de analisar quando usar essa tática — se houver um macho ou muitos deles — é admirável. Eles monitoram ativamente os arredores e alteram seu comportamento enganoso com base nas circunstâncias. O engano tático e intencional nesses termos é extremamente raro no reino animal — muito mais raro do que as outras formas de dissimulação observadas em animais. Provavelmente, a única chance de encontrar engano tático em animais em sua vida cotidiana é ao interagir com um cão. Pesquisadores descobriram que os cães enganam pessoas, direcionando-as entusiasticamente a uma recompensa alimentar menos desejável, se considerarem que o humano pode roubar o alimento.[16] Eles ludibriarão as pessoas para aumentar suas chances de conseguir a comida que realmente querem.

Todas as estratégias de comunicação animal que mencionei nesta seção — comunicação intencional, engano intencional e engano tático — são as bases sobre as quais a capacidade humana de mentir é construída. Mentir, no entanto, é algo completamente diferente. Requer um conjunto de habilidades cognitivas que até mesmo o mais tático dos enganadores — como a sépia — pode não ter. Um dos principais ingredientes que diferencia a capacidade humana de mentir do comportamento enganoso de outros animais é a linguagem.

A diferença entre linguagem humana e comunicação animal é meu assunto favorito. Vou conter meu desejo de escrever centenas de páginas sobre isso e ver se consigo condensar a explicação em uma única frase simples. Aqui vai: a comunicação animal envolve sinais que transmitem informações sobre um pequeno conjunto de assuntos, enquanto a linguagem humana pode transmitir informações sobre qualquer assunto. Essa explicação concisa evita uma discussão prolongada sobre as diferenças estruturais ou funcionais entre a linguagem humana e a comunicação animal, e a questão sobre como a linguagem evoluiu de formas anteriores de comunicação hominídea. O ponto principal é este: há algo de diferente na mente humana que possibilita uma capacidade de expressar-se a respeito de um número ilimitado de assuntos.

A comunicação de animais não humanos é tipicamente limitada a informar ao mundo sobre o estado emocional de um animal (raiva, por exemplo), sua condição física (de que espécie ele é), sua identidade (que espécie de golfinho eles são, com base em seu assobio peculiar, por exemplo), seu território (como cães demarcando o território ao fazer xixi nas árvores) e, às vezes — mas não muito frequente —, a presença de objetos externos de seu interesse no ambiente (como o chamado de alarme de cães-da-pradaria, que podem transmitir a localização, o tamanho, a cor e, até mesmo, as espécies de predadores que se aproximam). Por outro lado, por meio da linguagem, os seres humanos podem literalmente falar — e mentir — sobre qualquer assunto. Nós temos mentes repletas de fatos mortos (como exploramos no Capítulo 1) e, portanto, uma gama ilimitada de assuntos que podemos expressar por meio de palavras.

Houve muitas tentativas ao longo do último meio século de ensinar os animais a usar sistemas de comunicação simbólicos. O objetivo é testar os limites de sua capacidade cognitiva de compreensão passiva da linguagem e de sua capacidade de expressar pensamentos de maneira ativa por meio da linguagem. Mas, apesar de décadas de tentativas, nenhum animal jamais foi capaz de aprender sistemas de símbolos que lhes permitisse comunicar algo a mais além do básico. Mesmo os animais mais prolíficos em aprendizagem de linguagem — como Koko, a gorila, Kanzi, o bonobo ou Akeakamai, o golfinho — acabaram com um pequeno conjunto de assuntos sobre os quais eram capazes de expressar seus pensamentos. Por serem incapazes ou desinteressados, os animais simplesmente não usam sistemas de símbolos para gerar palavras e frases de maneira ilimitada e expressiva como os humanos.

Essa capacidade de expressão ilimitada por meio da linguagem é um ingrediente-chave que permite que os seres humanos sejam insuperáveis em sua capacidade de mentir. Mas, conforme veremos na seção seguinte, há uma habilidade ainda mais fundamental que, quando usada em conjunto com a linguagem, torna nossa espécie a mais hábil enganadora deste planeta.

## Manipuladores de mentes

Para entender por que os humanos são mentirosos tão habilidosos, primeiro precisamos de uma definição clara do que é mentir.

Mentir: um método para transmitir intencionalmente informações falsas a outra criatura com o propósito expresso de fazê-la acreditar em algo que não é verdade e manipular seu comportamento.

Humanos mentem com a intenção de alterar não apenas o comportamento do pretenso destinatário, mas também suas crenças. Essa é uma distinção fundamental — que nos torna únicos. Manipular as crenças de alguém exige que saibamos (ou pelo menos suponhamos) que outros seres humanos/animais têm crenças e mentes fervilhando de pensamentos, sentimentos, desejos, intenções etc. Os seres humanos fazem isso com facilidade, e é por isso que, às vezes, optamos por tratar objetos inanimados — que sabemos que não têm mente — como se tivessem. Gary Ross Dahl usou essa estranha psicologia humana para ganhar milhões nos anos 1970. Dahl foi o inventor da Pet Rock — uma pequena pedra aninhada sobre palha dentro de uma caixa de papelão com buracos para ventilação. Simplesmente por chamá-la de "animal de estimação", as pessoas começaram a tratar a pedra, com certa ironia, como se fosse uma entidade viva, com sentimentos, desejos e necessidades. Esse tipo de comportamento é muito estranho e muito humano.

Os seres humanos estão constantemente fazendo previsões sobre por que outras criaturas agem como agem ou como agirão no futuro com base em suposições sobre o que elas pensam. Isso está intimamente ligado à nossa propensão à inferência causal como especialistas em *por quê*. Por exemplo, eu poderia perguntar: "Por que meu gato está miando agora?" Qual seria a resposta? Porque ele *quer* que eu abra a porta da frente. Essa capacidade de adivinhar o que meu gato *quer* é o que chamamos de *teoria da mente* (ou, às vezes, *leitura da mente* ou *atribuição do estado mental*). Somos capazes de elaborar uma teoria ou um modelo do que achamos que acontece dentro da mente de outras criaturas.[17] Isso nos permite perguntar por que seres vivos agem de determinada maneira e, também, deduzir uma resposta com base em nosso melhor palpite quanto aos objetivos, aos desejos e às crenças na mente deles.

Manipular crenças por meio da teoria da mente proporciona muito mais controle ao tentar alterar o comportamento de outras criaturas. Imagine que você está sendo perseguido por uma hiena. Se usar a teoria da mente para supor que a hiena o persegue por que está com fome, você pode tentar jogar seu sanduíche de presunto para que ela desista de comer você. A maioria dos animais não cogitaria algo assim porque não pensa nas motivações da hiena. Simplesmente correria para se esconder.

Os seres humanos são um dos poucos animais (se não o *único*) neste planeta dotados da teoria da mente. Os cientistas passaram quarenta anos projetando experimentos para encontrar evidências de que animais não humanos compreendem as crenças e as motivações de outros.[18] Enquanto escrevo, a melhor evidência que temos de que um animal não humano seja dotado da teoria da mente vem da tarefa da *falsa crença*. Esse teste determina se um animal é capaz de saber se outro animal/pessoa tem uma crença factualmente incorreta sobre o mundo. A melhor evidência para essa capacidade vem de nossos parentes, os grandes primatas. Em um famoso experimento, um grupo de primatas (chimpanzés, bonobos e orangotangos) foi testado para ver se eles entendiam que um pesquisador humano poderia ser levado a acreditar em algo que era falso. Os primatas assistiram, através de uma janela, a uma cena dramática, especificamente projetada para captar sua atenção.[19] Pela janela, eles podiam ver dois fardos de feno gigantes e um pesquisador vestido de gorila. Então, um ator entrou por uma porta e foi confrontado pelo "gorila" (cenas de luta são muito chamativas para um grande primata). O gorila, então, escondeu-se atrás de um dos fardos de feno ainda na presença do ator. O humano, em seguida, saiu da sala para pegar um bastão e bater no gorila. Mas, enquanto ele estava fora da sala, o gorila saiu do esconderijo e fugiu. Isso criou um cenário em que o humano não viu o gorila sair e, agora, tinha uma *falsa crença* de que o gorila estava atrás do fardo de feno. Se os primatas que assistiam a essa cena fossem dotados da teoria da mente, esperariam que o humano procurasse o gorila no local errado: atrás do fardo de feno, onde o humano o viu pela última vez. Usando um dispositivo de rastreamento ocular, os pesquisadores mediram para onde os macacos atrás da janela olharam quando o humano voltou carregando o bastão. O olhar da maioria dos primatas focou o fardo de feno onde o gorila estava (e não a direção para onde o gorila havia fugido), presumivelmente porque eles sabiam que o humano — que tinha uma falsa crença quanto à localização do gorila — o procuraria lá. Essa é uma forte evidência de que os grandes primatas eram dotados da teoria da mente — e fizeram suposições ponderadas sobre o que o humano acreditava ser verdade naquela situação.

A capacidade de entender que outros podem ter falsas crenças e que isso gera determinado comportamento é rara no reino animal, talvez restrita aos grandes primatas e a alguns corvídeos (por exemplo, gralhas-pretas, corvos, gaios-dos-matos-ocidentais). Entender que outros podem ter falsas crenças é o ingrediente-chave que explica como os humanos se tornaram mentirosos tão prolíficos. O fato de a maioria dos animais parecer não ter essa habilidade — exceto os poucos exemplos citados anteriormente — sugere que os humanos realmente são únicos quando se trata de prever e manipular as mentes alheias. A maioria dos animais faz previsões sobre o que outros animais farão não por meio da teoria da mente, mas de pistas visuais. Por exemplo, quando você vê um cão mostrando os dentes, imagina que ele pode morder. É uma associação simples, aprendida entre o sinal comunicativo de mostrar os dentes e o comportamento mais provável (ou seja, morder). Não é preciso adivinhar que o cão está *furioso*, que ele *quer* morder você ou que *acredita* que você é uma ameaça. Isso é chamado de *leitura do comportamento* (em oposição à *leitura da mente*). Todos os casos de dissimulação que encontramos até agora em animais não humanos podem ser entendidos como uma tentativa de manipular o comportamento, mas não a mente, do alvo pretendido. Tente observar os animais presentes em sua vida e se questione se a interação ocorre porque eles estão fazendo suposições sobre o que você está pensando/acreditando/sentindo ou se estão simplesmente reagindo ao seu comportamento. Pode ser difícil saber a diferença, e é precisamente por isso que, após quatro décadas de experimentos, os cientistas ainda não têm certeza se os animais não humanos são dotados da teoria da mente.

Quando você observa o comportamento humano, por outro lado, não há dúvida de que os seres humanos estão usando a teoria da mente como parte de sua sinalização comunicativa, o que explica por que nos comportamos da maneira como fazemos. Passe alguns minutos assistindo a um filme mudo de Charlie

Chaplin e você verá inúmeras evidências da teoria da mente (e da mentira) que não podem ser observadas em animais não humanos. Chaplin apontando ao longe para distrair um rival, a fim de que ele possa roubar seu pão, por exemplo. Um ato aparentemente simples de dissimulação, mas que só é possível se Chaplin souber que consegue fazer o rival *acreditar* que há algo que vale a pena olhar *em vez do pão*. Os filmes de Charlie Chaplin consistem em uma sequência de situações em que a teoria da mente está em ação, e nós, o público, gostamos deles porque somos capazes de adivinhar o que se passa na mente da personagem: o que pretende, no que acredita e por que está agindo daquela forma. Tudo isso sem dizer uma palavra.

Se adicionarmos as palavras, a capacidade humana de mentir se torna insuperável. É quando a teoria da mente passa a operar em conjunto com a linguagem que especialistas em mentira, como Russell Oakes, finalmente começaram a ganhar forma. A linguagem é o veículo perfeito para a dissimulação. Na verdade, alguns biólogos evolucionistas acreditam que a linguagem pode ter evoluído especialmente para nos ajudar a enganar.[20] Independentemente de como e por que nos tornamos assim, desde então, a linguagem e a teoria da mente têm sido usadas por nossa espécie para enganar uns aos outros. Conforme veremos na seção seguinte, nossa capacidade e nossa propensão para mentir são fundamentais para a condição humana. Mas nossa espécie também têm a propensão de presumir que os outros nos dizem a verdade. É essa incompatibilidade bizarra que gera enormes problemas sociais para nossa espécie. Problemas que, conforme veremos, podem levar à nossa extinção.

## Ludibriados

Leo Koretz era um advogado de Chicago com um talento especial para obter grandes lucros em investimentos no mercado imobiliário.[21] Desde 1917, Koretz era administrador da Bayano River Syndicate: um consórcio de empresas que tinha 2 milhões de hectares na selva do Panamá e exportava enormes quantidades de mogno e milhões de barris de petróleo anualmente. Koretz tinha uma fila de investidores dispostos a comprar ações da Bayano, que tinha retornos anuais de cerca de 60%.

Um retorno de 60% sobre qualquer investimento é impressionante, e muitos investidores, tanto agora quanto na década de 1920, ficariam desconfiados de um administrador de fundos que promete esse tipo de retorno. Especialmente porque Koretz operava na mesma época em que Charles Ponzi acabara de se tornar um nome familiar. Ponzi cometeu uma fraude de milhões de dólares de investidores com promessas de retornos igualmente altos. O esquema Ponzi (também conhecido como esquema de pirâmide) é um golpe elegantemente simples: os retornos pagos aos investidores provêm do dinheiro de novos investidores. Isso requer um fluxo constante de novos investidores ou não haverá dinheiro para pagar os juros esperados pelos atuais. Mas, ao contrário de Ponzi, que tinha a reputação de angariar o maior número de investimentos de tantas pessoas quanto possível para manter o esquema funcionando, Koretz era conhecido por recusar investimentos. Seu hábito de devolver cheques de possíveis investidores que não atendiam a seus padrões se tornou bastante conhecido.

Os poucos investidores agraciados com a oportunidade investiram enormes somas de dinheiro e obtiveram um lucro significativo. Como brincadeira, eles se referiam a Koretz como "Nosso Ponzi", uma piada interna, ironizando o absurdo de que Koretz pudesse ser um vigarista. Ao contrário das vítimas de Ponzi, os clientes de Koretz estavam investindo em algo tangível, como oleodutos e petroleiros no Panamá. Eles viram as plantas dos oleodutos e os contratos de compra dos petroleiros. Koretz era, na mente deles, autêntico.

Ansioso para ver seus ativos pessoalmente, um grupo de investidores embarcou em um navio a vapor para o Panamá em novembro de 1923. Eles estavam ansiosos para escapar do gélido inverno de Chicago e ainda mais ansiosos para ver os campos de petróleo panamenhos que se tornaram a fonte de sua nova riqueza. Após passar alguns dias na Cidade do Panamá em busca dos escritórios da Bayano River Syndicate, os investidores ficaram desconfiados: ninguém com quem eles conversaram jamais ouvira falar da empresa ou o nome Leo Koretz. Eles finalmente encontraram um conterrâneo — C. L. Peck — que trabalhava em outra empresa de investimentos que tinha terras na região. Os investidores mostraram a Peck um mapa que Koretz lhes havia fornecido das supostas terras da Bayano no Panamá. "Senhores", disse Peck, "sou da opinião de que vocês foram ludibriados." A empresa de Peck era dona da maior parte do terreno. A farsa ruiu.

Acontece que a Bayano River Syndicate não detinha propriedades de investimentos de qualquer tipo. Koretz mentiu e tudo não passava de um esquema Ponzi. Mas ele havia se saído ainda melhor do que o próprio Ponzi, pois cometeu uma fraude envolvendo US$30 milhões de seus investidores, enquanto Ponzi, US$20 milhões. Apesar de perceberem os sinais de alerta, e até brincarem sobre isso, eles foram ludibriados. Ora, como isso é possível?

"Somos programados para ser enganados", argumenta Timothy R. Levine em seu livro *Duped: Truth-Default Theory e Social Science of Lying and Deception* [sem publicação no Brasil]. Levine é professor ilustre e presidente de estudos de comunicação na Universidade do Alabama, em Birmingham, e passou sua carreira estudando a mentira humana, com financiamento do FBI e da NSA. O trabalho de Levine argumenta que, apesar de nossa capacidade e propensão óbvias à mentira, a configuração padrão para nossa espécie é aceitar tudo o que ouvimos como verdadeiro, algo que Levine chama de *teoria da verdade-padrão* (TDT, na sigla em inglês). "A TDT propõe que o conteúdo da comunicação recebida é, em geral, inquestionavelmente aceito como verdadeiro e, na maioria das vezes, isso é uma coisa boa para nós", ele argumenta. "A tendência a acreditar nos outros é um produto adaptativo da evolução humana que permite a comunicação eficiente e a coordenação social."[22]

Como espécie, os seres humanos são programados tanto para a credulidade quanto para a mentira. É essa combinação de características — a incompatibilidade bizarra entre a capacidade humana de mentir e a de detectar mentiras — que nos torna um perigo para nós mesmos.

## Mentirosos natos

Os seres humanos são diferentes de outros animais quando se trata de nossa capacidade de dissimular. Por sermos *especialistas em por que*, temos mentes repletas de ideias — fatos mortos — sobre como o mundo funciona, o que nos fornece um número infinito de assuntos sobre os quais mentir. Também apresentamos um meio de comunicação — a linguagem — que nos permite transformar esses fatos mortos em palavras, que destilamos na mente de outras pessoas com facilidade. Além disso, temos a capacidade de entender que outras pessoas têm uma mente e que esta detém crenças sobre o mundo (ou seja, o que é verdade) e que, portanto, podem ser levadas a acreditar em informações falsas. Como aponta Levine, também somos particularmente falhos em detectar informações falsas. Isso configura um cenário em que, conforme veremos nesta seção, ser um mentiroso habilidoso em um mundo repleto de vítimas ingênuas pode ser o caminho para o sucesso, como foi para Russell Oakes.

O conhecimento aceita é que os seres humanos contam, em média, entre uma e duas mentiras verbais por dia.[23] No entanto, isso é uma média estimada com base em toda a população. Seis em cada dez pessoas afirmam não mentir (o que provavelmente é mentira), e a maior parte das mentiras é contada por um pequeno subconjunto de mentirosos patológicos que contam — em média — dez mentiras por dia.[24] Contamos menos mentiras à medida que envelhecemos, e isso pode estar mais relacionado ao declínio cognitivo — que dificulta a ginástica mental necessária para monitorar as mentiras que contamos — do que com o processo de amadurecimento de nosso senso de moralidade.[25] Precisamos pensar e nos concentrar mais para mentir, é por isso que assistimos, tantas vezes, ao clichê televisivo em que um detetive bombardeia um suspeito com perguntas, até que ele inadvertidamente deixe escapar a verdade, porque não consegue pensar rápido o suficiente.[26] É a mesma razão para a frase *in vino veritas* (no vinho está a verdade): a ideia de que beber álcool funciona um pouco como um soro da verdade, no qual as pessoas ficam mais propensas a revelar seus verdadeiros sentimentos (e parar de mentir) quando o pensamento de ordem superior está comprometido.

Assim que uma criança tem idade suficiente para falar (e desenvolver a teoria da mente), as mentiras começam a aparecer — geralmente entre os 2 e 4 anos.[27] Se você pedir a uma criança para não espiar dentro de uma caixa, após lhe dizer que contém um brinquedo divertido, e sair da sala, praticamente todas as crianças, independentemente do local de origem, não apenas olharão dentro da caixa como mentirão sobre terem feito isso depois.[28] Como inúmeros estudos revelam, a mentira infantil é um ato universal humano. No início da puberdade, as mentiras continuam. Um estudo realizado nos EUA descobriu que 82% dos adolescentes mentiram para os pais sobre amigos, álcool/drogas, festas, dinheiro, namoro ou sexo no último ano.[29] Depois que o adolescente sai da casa dos pais, o comportamento mentiroso passa a ser direcionado aos parceiros românticos, com 92% dos estudantes universitários admitindo ter mentido sobre sua vida sexual pregressa para a pessoa com quem estão dormindo.[30] A mentira é comum porque ela funciona — uma vez que a maioria das pessoas prefere acreditar em mentiras, é uma maneira supereficaz de progredir na vida.

Uma maneira ainda melhor de obter vantagem é levar a mentira ao próximo nível: a lorota. O termo *bullshitting* (que pode ser traduzido como lorota, conversa fiada, bobagem, falar merda) é um termo científico legítimo. Foi popularizado pelo filósofo Harry Frankfurt em seu livro de 2005, *Sobre Falar Merda*, e é usado na literatura científica atual para descrever a comunicação destinada a impressionar os outros sem se preocupar com as evidências ou a verdade.[31] Não é a mesma coisa que mentir, que envolve elaborar conscientemente informações falsas com a intenção de manipular o comportamento alheio. Os loroteiros, por outro lado, não sabem e não se importam se o que estão dizendo está certo. Eles estão mais preocupados com o que Stephen Colbert chamou de *truthiness*\* (algo que poderia ser traduzido como aparência da verdade): a propriedade de uma afirmação de parecer ou ser percebida como verdadeira, mesmo não sendo necessariamente verdadeira.[32]

A lorota parece um comportamento negativo que leva à paralisia do mundo social humano e semeia o caos e a confusão. Mas há evidências sugerindo que contar lorotas pode ser uma habilidade selecionada pela evolução. Essa capacidade pode ser um sinal para outras pessoas de que o loroteiro é, de fato, um indivíduo inteligente. Um estudo recente que saiu na revista *Evolutionary Psychology* descobriu que os participantes que eram mais hábeis em fazer explicações plausíveis (porém falsas) de conceitos que não entendiam (ao estilo do jogo *Balderdash*) também alcançaram uma pontuação mais alta em testes de capacidade cognitiva. Portanto, ser um melhor loroteiro está, de fato, correlacionado a ser mais inteligente. Os autores concluíram que "a capacidade de produzir lorotas satisfatórias pode ajudar os indivíduos a lidar com os sistemas sociais, tanto como uma estratégia energeticamente eficiente para impressionar os outros quanto como um sinal sincero de sua inteligência."[33] Em outras palavras, o loroteiro tem uma vantagem extra sobre um não loroteiro: ele não perde tempo se preocupando com a verda-

---

\* Segundo a definição de Colbert: *truthiness* é a crença ou a afirmação de que determinada declaração é verdadeira baseada na intuição ou em percepções de algum(ns) indivíduo(s), independentemente de evidências, lógica, análise intelectual ou fatos.

de; ele pode concentrar toda a sua energia em ser crível em vez de em estar certo.

O psicólogo Klaus Templer queria saber por que é que pessoas tóxicas e desonestas (isto é, loroteiros) parecem se sair melhor ao lidar com o cenário corporativo e político do que pessoas honestas e benevolentes. Poderíamos pensar que os loroteiros seriam punidos ou ostracizados pela sociedade. Mas acontece o oposto. Templer perguntou a 110 funcionários de diversas grandes empresas como eles se classificariam em termos de habilidades políticas, como a capacidade de se relacionar e influenciar outros.[34] O mesmo foi perguntado aos chefes desses funcionários. Templer também aplicou um teste de personalidade, para medir os níveis de honestidade e humildade dos funcionários. Talvez sem surpresa nenhuma, aqueles que demonstraram níveis mais baixos de honestidade e humildade (ou seja, aqueles mais propensos a serem mentirosos descarados e mestres da lorota) também se classificaram como politicamente habilidosos. E outros indivíduos concordaram com eles. Os chefes classificaram os funcionários menos sinceros como os que têm maior habilidade política. Porém, o mais importante, também os classificaram como mais competentes do que seus colegas de trabalho sinceros e humildes. Isso cria um cenário em que os maiores loroteiros provavelmente serão vistos como mais competentes e, portanto, mais propensos a receber promoções ou serem eleitos a cargos de poder. Claro, podemos não gostar deles, e eles podem ser pessoas terríveis em termos objetivos, mas respeitamos sua perspicácia política e social. "Também vale a pena lembrar que, às vezes, esses indivíduos com personalidade difícil podem ser úteis", escreveu Templer na *Harvard Business Review*.[35] "Bons gerentes descobrem como implementar esses tipos de pessoas e, ao mesmo tempo, limitar os danos que causam a outros funcionários."

Mentiras, mentirosos e loroteiros, ao que parece, pode ser algo bom para os negócios. Assim como também é bom para a nação. Que grande superpotência não tem um braço político dedicado a gerar e espalhar propaganda? A Agência de Pesquisa da Internet (Агентство интернет-исследований) é uma empresa russa que dissemina desinformação online desde 2013.[36] Ela emprega mais de mil pessoas, as quais são designadas a elaborar conteúdo online falso nas mídias sociais e fomentar os interesses das empresas e do governo russos. Seu método preferido é o que os cientistas políticos Nancy L. Rosenblum e Russell Muirhead chamam de *mangueira de fogo da falsidade* — disseminar informações conflitantes com a maior frequência possível por meio do maior número de contas de mídia social diferentes, a fim de criar uma impressão de discórdia.[37] A Agência foi indiciada pelo governo dos EUA por sua interferência nas eleições presidenciais dos Estados Unidos de 2016 por, de acordo com a acusação, "disseminar a desconfiança em relação aos candidatos e ao sistema político em geral".[38] E se a invasão do Capitólio dos EUA, em 6 de janeiro de 2021, servir como referência, parece ter funcionado muito bem. Os cientistas já haviam testemunhado a eficiência da Agência em semear a desconfiança no sistema de saúde dos EUA com uma contínua campanha para inflamar o debate antivacinação surgido em 2013.[39] O que também parece ter funcionado. Uma pesquisa da Gallup de 2020 descobriu que apenas 84% dos norte-americanos acham que é importante vacinar os filhos; contra 94%, em 2001.[40]

Essa mangueira de fogo da falsidade é a clássica lorota em ação. É improvável que os hackers que trabalham na Agência de

Pesquisa da Internet estejam intimamente familiarizados com os prós e os contras da ciência da vacina ou com detalhes exatos sobre o sistema eleitoral dos EUA. Mas eles não precisam estar. O objetivo é espalhar lorotas online — informações destinadas a confundir o público norte-americano. Eles não têm nenhum interesse real no que é verdadeiro ou no que é certo, mas têm a intenção de semear a discórdia dentro dos Estados Unidos e, assim, fazer com que o Estado russo pareça mais competente e atraente em comparação.

O biólogo evolucionista Carl T. Bergstrom e o cientista da informação Jevin West ministram um curso na Universidade de Washington intitulado Calling Bullshit [Detectando Lorotas, em tradução livre], que eles transformaram em um livro homônimo. Embora o curso e o livro sejam leves até certo ponto, com o objetivo declarado de "oferecer à sua tia adepta de cristais e homeopatia ou àquele tio que faz comentários racistas uma explicação acessível e persuasiva de por que uma alegação é lorota",[41] eles não medem palavras sobre a séria ameaça que a proliferação de lorotas na era da internet representa para a civilização humana. Eles escrevem que "a detecção adequada de lorota é essencial para a sobrevivência da democracia liberal. A democracia sempre dependeu de um eleitorado crítico, mas isso nunca foi mais importante do que na era atual de notícias falsas e da interferência internacional no processo eleitoral por meio da divulgação de propaganda nas mídias sociais."[42]

Há quase uma década que a Finlândia se preocupa com esse problema da lorota. Após ser bombardeado com notícias falsas vindas da Rússia, o país reajustou seu sistema educacional em 2014 para ensinar os alunos a reconhecer mentiras na mídia. "O objetivo é gerar cidadãos e eleitores engajados e responsáveis", disse Kari Kivinen ao *The Guardian*.⁴³ Kivinen é chefe da escola franco-finlandesa de Helsinque e ex-secretário-geral do sistema escolar europeu. "Pensar criticamente, verificar os fatos, interpretar e avaliar todas as informações que você recebe, onde quer que elas apareçam, é crucial. Fizemos disso parte central do que ensinamos, em todas as disciplinas."

E está funcionando. O Media Literacy Index de 2019 — que mede a suscetibilidade de um país a notícias falsas — classificou a Finlândia como a nação menos suscetível por uma ampla margem.⁴⁴ A lição aqui é que, se uma pessoa — ou um país — quer aprimorar sua detecção de lorotas, é preciso um esforço concertado e prolongado para superar nosso padrão de acreditar em tudo o que ouvimos. Mas pelo menos é possível — mesmo em um mundo onde estamos nos afogando em lorotas.⁴⁵

## Nossa capacidade de mentir é um risco ou uma bênção?

Muitos animais são capazes de enganar, como batuíras-melodiosas ou galinhas que se fingem de mortas. E alguns podem se envolver em engano tático, como a sépia tentando acasalar secretamente. Mas a capacidade de dissimulação até dos nossos parentes primatas mais próximos é simplesmente incomparável à nossa habilidade de contar mentiras e lorotas, que se devem à nossa capacidade única para a linguagem, a teoria da mente e a especialização em *por quê*.

Como devemos nos sentir sobre isso? Até certo ponto, a capacidade de sermos desonestos requer uma convergência de forças que revela uma mente excepcional em ação. Ser um loroteiro é uma característica exclusivamente nossa, e vimos que, em nossa espécie, ser um bom mentiroso — ou um loroteiro prolífico — está correlacionado ao sucesso social (e financeiro).

Mas, no contexto geral, a capacidade humana de mentir — e de contar lorotas, em particular — tem um lado sombrio que pode superar o bom. A disseminação de informações duvidosas, confusas ou falsas por meio de mentiras patrocinadas pelo Estado matou milhões de pessoas. Desde a propaganda nazista antijudaica que proliferou na época de Nietzsche até a Agência de Pesquisa da Internet da Rússia, que atualmente espalha mensagens antivacina. Vidas são perdidas quando lorotas se espalham.

Ansiamos por um mundo em que a lorota é minimizada, e nossas sociedades e os tomadores de decisão operam com base na mesma realidade simples sobre o que é real e o que não é. A Finlândia tem feito um excelente trabalho em educar as crianças a desejar e criar um mundo assim. Carl Sagan escreveu eloquentemente sobre suas técnicas para detectar e eliminar lorotas no capítulo "A Arte Refinada de Detectar Mentiras" de seu livro de 1995, *O Mundo Assombrado pelos Demônios*. Recentemente, o psicólogo social John Petrocelli publicou um livro inteiro (*The Life-changing Science of Detecting Bullshit*) sobre como identificar — e combater — a lorota moderna. As ferramentas para detectar e eliminar a lorota estão à nossa disposição há bastante tempo. O problema atual é que a maioria das pessoas não parece muito interessada em usá-las.

A razão para isso é simples: os seres humanos foram projetados pela evolução para serem mentirosos. Mentirosos que são, estranhamente, suscetíveis a mentiras. Esse é um problema exclusivo da nossa espécie. Não somos uma espécie excepcional porque somos capazes de enganar; conforme vimos, outras espécies — de insetos a sépias — emitem sinais comunicativos que contêm informações falsas. Alguns até mesmo com a intenção de ludibriar. Mas nossa espécie teceu a intenção de enganar — mentir para manipular as crenças de outras pessoas — no próprio tecido de nossa cognição social. Na melhor das hipóteses, podemos educar nossos filhos a serem sensíveis à proliferação de informações falsas e a desejarem reduzir os danos que elas causam. Mas não podemos remover a capacidade humana de elaborar e acreditar em mentiras, assim como não podemos remover nossa capacidade de andar eretos. Faz parte de quem somos.

Imaginar um mundo no qual os humanos eliminaram mentiras tóxicas é entrar no mundo da ficção científica. Enquanto nossa espécie for dotada da teoria da mente, da linguagem e da especialização em *por que*, seremos uma espécie que mente, conta lorotas e castra pôneis sob falsos pretextos. Essas são as consequências inevitáveis dos dons cognitivos que possuímos. Podemos minimizar os danos ao apelar para o pensamento científico, mas mesmo aqueles de nós imersos na ciência continuarão sendo humanos e, portanto, propensos a lorotas.

Os animais habitam um mundo em que a dissimulação existe apenas como um pequeno subconjunto de seus sistemas de comunicação. Eles atingiram um equilíbrio no qual a honestidade é a norma. E quando os animais mentem, as consequências são mais curiosas do que catastróficas, como encontros amorosos de sépias, galinhas hipnotizadas ou batuínas-melodiosas que mancam. Os humanos, por outro lado, são predispostos tanto a enganar quanto a ser enganados. Essa combinação tóxica está nos enviando por um caminho muito sombrio. Países como a Finlândia estão ativamente engajados em uma correção de curso em todo o país. Os animais, por outro lado, não precisam de correção de curso; a seleção natural já gerou sistemas comunicativos que minimizam a presença de lorotas. Somos nós, humanos, que precisamos elaborar novas soluções para os problemas autodestrutivos que estamos criando para nós mesmos decorrentes de nossa capacidade de mentir, aliada à nossa propensão pré-programada a acreditar. A questão é: podemos nos salvar de nós mesmos antes que a mangueira de fogo das falsidades extermine nossa espécie deste planeta?

CAPÍTULO 3

# Sabedoria da Morte

*A desvantagem de conhecer o futuro*

Como é estranho que essa única certeza, essa única comunhão seja quase impotente em agir sobre os homens e que eles estejam tão longe de sentir essa fraternidade da morte!

— **NIETZSCHE**[1]

Tahlequah tinha 20 anos quando deu à luz sua filha em 24 de julho de 2018. Embora tenha sido uma gestação a termo, a bebê morreu logo após o nascimento. Em circunstâncias normais, haveria um especialista disponível para determinar a causa da morte. Mas essa não era uma circunstância normal.

Imediatamente após a morte da bebê, Tahlequah fez algo que comoveria o mundo. Ela passou a carregar a filha morta a todos os lugares. Fez isso por semanas a fio no que as testemunhas chamaram de uma *turnê de luto*.[2] Durante esse período, ela raramente comia. Quando dormia, membros de sua família se revezavam para carregar a bebê. "Sabemos que a família está dividindo a responsabilidade... nem sempre é ela a carregá-la, eles parecem se revezar", disse Jenny Atkinson, que observou o fenômeno.³

Os meios de comunicação internacionais viajaram para Seattle, Washington, para registrar a dor de Tahlequah. Uma onda de empatia se espalhou pelo mundo. As pessoas escreveram poemas sobre ela. Postaram desenhos dela carregando seu bebê no Twitter. Houve uma reportagem no *New York Times*, de autoria de Susan Casey, sobre a melhor forma de processar a dor coletiva que o público sentiu ao assistir ao sofrimento dessa mãe.

Em 12 de agosto de 2018, após dezessete dias, Tahlequah finalmente deixou seu bebê partir. O corpinho afundou nas profundezas do Oceano Pacífico. Alguns dias depois, cientistas do Centro de Pesquisa de Baleias em Friday Harbor, estado de Washington, confirmaram que Tahlequah havia seguido em frente e estava caçando salmão na costa das Ilhas San Juan. Havia retornado a sua vida normal.

Se ainda não ficou claro, Tahlequah não é humana. Ela é uma orca — popularmente conhecida como baleia assassina, a maior espécie de golfinho. Jenny Atkinson também não era apenas uma testemunha comum, mas a diretora do Museu das Baleias em Washington, acompanhando de perto esse fenômeno sem precedentes. Existem muitos exemplos desse comportamento em golfinhos na literatura científica revisada por pares: mães carregando os cadáveres dos filhotes em seu rostro (bico), empurrando-os continuamente em direção à superfície. Os golfinhos cuidam de familiares doentes ou feridos dessa maneira, sustentando-os perto da superfície para ajudá-los a respirar.

No entanto, o ato de carregar os filhotes normalmente dura apenas algumas horas. O que torna a vigília de dezessete dias de Tahlequah tão peculiar. Foi tão longa que a própria saúde dela foi afetada. Ela estava visivelmente mais magra após semanas sem comer, concentrando-se em empurrar sua filhote pela água. Mesmo os cientistas treinados para observar com imparcialidade o comportamento animal ficaram visivelmente abalados. "Estou soluçando", disse Deborah Giles, cientista pesquisadora do Centro de Conservação Biológica da Universidade de Washington. "Não posso acreditar que ela ainda está carregando a filha."[4]

Muitas matérias jornalísticas descreveram o comportamento de Tahlequah como *pesar,* uma amostra indiscutível do *luto* animal. Essas histórias foram salpicadas com palavras como *velório* e *funeral,* conceitos que estão solidamente associados a uma compreensão — e resposta — à morte que normalmente pensamos ser de domínio dos humanos, não dos animais. Alguns especialistas em comportamento animal, no entanto, argumentaram que descrever o ato de carregar os filhotes mortos como fruto do luto nada mais é do que antropomorfizar, atribuir emoções humanas e cognição aos animais de maneira injustificada. "Diluímos uma emoção humana real, poderosa e observável, concedendo a outros animais as mesmas emoções de modo tão livre e sem qualquer rigor científico", argumentou o zoólogo Jules Howard no *Guardian.*[5]

Entretanto, não quero passar este capítulo debatendo as armadilhas do antropomorfismo. Em vez disso, quero abordar o problema específico do que a morte significa para os animais não humanos. Porque a morte significa *algo* para eles. Significou algo para Tahlequah. Mas o quê? Este capítulo é dedicado a descobrir isso. Ao final dessa análise, mesmo que tenhamos certeza de que os humanos entendem o significado da morte em um nível mais profundo do que Tahlequah ou outros animais — em um nível tão profundo que devemos reservar palavras como *luto* e *pesar* apenas para nossa espécie —, ainda nos restará uma questão maior. Os humanos estão em vantagem em relação a outras espécies por causa da nossa compreensão da morte?

## Sabedoria da morte

O que os animais sabem sobre a morte? O próprio Darwin desejava saber essa resposta ao questionar em *A Descendência do Homem*: "Quem pode dizer o que as vacas sentem quando cercam e observam atentamente uma companheira moribunda ou morta?"[6] Quase 150 anos depois, a antropóloga Barbara J. King publicou um livro — *O que Sentem os Animais?* —, citando inúmeros exemplos de reações de animais de todo o espectro taxonômico à morte de um parceiro social ou membro da família de maneiras semelhantes à de Tahlequah. Seus exemplos variam de animais que tendemos a associar à inteligência, como golfinhos, a animais aos quais não a associamos. "Galinhas, assim como chimpanzés, elefantes e cabras, apresentam uma capacidade para experienciar o luto", escreve King.[7]

A questão do que os animais sabem sobre a morte (e, portanto, como eles experienciam o luto) faz parte da tanatologia comparativa — um campo de investigação científica que estuda a compreensão da morte pelos animais.[8] Os tanatologistas comparativos querem saber como um animal sabe se um ser está vivo ou morto e o que a morte significa. As formigas, por exemplo, percebem a morte porque, quando uma delas morre, libera necromônios — substâncias químicas presentes apenas quando a decomposição se instala. Quando outra formiga sente os necromônios em uma companheira morta, ela carrega o corpo e o despeja fora do ninho. Mas é possível desencadear essa mesma resposta de remoção de cadáver (chamado *necroforese*). Se pulverizarmos qualquer formiga com necromônios, veremos outras formigas carregarem a esperneante companheira para fora do ninho. Isso não sugere que as formigas tenham um conhecimento particularmente sofisticado da morte e uma única maneira bastante limitada de reconhecê-la.

Outros animais, no entanto, reagem à morte de maneiras instantaneamente reconhecíveis para nós. O ato de carregar filhotes mortos não se limita aos golfinhos. Também é comumente observado na maioria dos primatas. As mães carregam o corpo do bebê por dias ou mesmo semanas. Isso geralmente é acompanhado por comportamentos que parecem, para um humano, luto: abstinência social, vocalizações tristes e "privação de sono e de alimentos", conforme descreve Barbara King.[9] Mas o luto, se é isso que estamos testemunhando, não é sinônimo de *compreensão* da morte.

A Dra. Susana Monsó é filósofa da Universidade de Medicina Veterinária de Viena, cujo foco de pesquisa é o conceito da morte em animais. Ela argumenta que "o luto não necessariamente sinaliza um [conceito de morte] — mas, sim, um forte apego emocional ao indivíduo morto".[10] Isso configura um cenário em que existem diferentes níveis de sofisticação quando se trata da compreensão da morte pelos animais. O mais básico é chamado de *conceito mínimo de morte*, uma espécie de conhecimento da morte que muitos — se não a maioria — dos animais têm. Monsó argumenta que, para que um animal tenha um conceito mínimo de morte, ele só precisa ser capaz de reconhecer dois atributos simples: "1) não funcionalidade (a morte interrompe todas as funções corporais e mentais) e 2) irreversibilidade (a morte é um estado permanente)".[11] Um animal não nasce sabendo dessas coisas, ele aprende sobre a morte por meio da exposição a ela.

Monsó me explicou que "para que um animal desenvolva um conceito mínimo de morte, ele deve primeiro ter algumas expectativas sobre como os seres ao redor normalmente se comportam." Por exemplo, logo após o nascimento, um jovem golfinho aprenderia rapidamente como os seres vivos se comportam. Esperaria que outros golfinhos movessem suas caudas para nadar pela água, perseguissem e comessem peixes e emitissem assobios e estalos. Mas, ao se deparar com um golfinho morto pela primeira vez, notará que nada disso está ocorrendo. E, ao observar o golfinho morto por tempo suficiente, o jovem aprenderá que é um estado permanente. Sua mente será, então, capaz de categorizar o mundo em seres vivos e não mais vivos. Monsó argumenta que um conceito mínimo de morte é "relativamente fácil de adquirir e bastante difundido na natureza." Não requer cognição particularmente complexa. O luto, então, pode surgir como uma resposta emocional bastante direta à não funcionalidade permanente de um parceiro social ou membro da família.

No entanto, é importante entender que só porque um golfinho é capaz de reconhecer a morte, não significa que ele *entenda a própria mortalidade*, ou que todos os seres vivos morrem. Esses são dois níveis adicionais de compreensão dos quais os animais não humanos carecem. Segundo Monsó: "Uma noção bastante sofisticada de mortalidade pessoal também incorpora as noções de inevitabilidade, imprevisibilidade e causalidade. Eles podem adquirir, por meio de um acúmulo de experiências com a morte, uma noção de que *podem* morrer, mas provavelmente não de que *vão* morrer. Acredito que essa noção seja restrita aos humanos."

Parece haver consenso entre cientistas e filósofos de que há uma diferença fundamental entre o que animais e humanos entendem sobre a morte, especialmente no que tange à consciência da própria mortalidade. "Entre os animais", escreve King em *Como Sentem os Animais*, "só nós antecipamos plenamente a inevitabilidade da morte." Isso é chamado de *saliência da mortalidade*: o termo científico para a capacidade de saber que você — e todos os outros seres vivos — um dia morrerão. Prefiro o termo mais poético *sabedoria da morte*.

Quando minha filha tinha 8 anos, nós a ouvimos chorar em seu quarto não muito depois de lermos uma história e a colocarmos para dormir. Nós a encontramos sentada na cama com uma expressão muito triste. Ela explicou que estava pensando na morte e que um dia fecharia os olhos e nunca mais os abriria. Nunca mais veria, pensaria ou sentiria nada. Estava assustada, mas também descreveu uma espécie de pavor existencial que era novo para ela. Desconfio que esse é um sentimento familiar para você: o choque de tristeza que oprime a mente ao contemplar a realidade da própria morte. Não era algo que minha filha já tivesse mencionado — ou experimentado — antes daquele momento. E assistir a isso partiu meu coração.

Surge, então, uma pergunta: quais são as capacidades cognitivas que apresentamos — e que os outros animais não — que dão origem à nossa profunda compreensão da morte?

## O tempo e a maldição da fração excedente

De acordo com Susana Monsó, o conceito mínimo de morte de animais "não requer um *conceito explícito de tempo, viagem mental no tempo* nem *previsão episódica*". Esses são ingredientes cognitivos — possivelmente exclusivos da mente humana — necessários para a sabedoria da morte. Lidarei com cada um deles, em sequência, para que possamos analisar exatamente o que dá à nossa espécie uma profunda compreensão da morte. Vamos começar pelo *conceito explícito de tempo*.

Um conceito explícito de tempo é o entendimento de que haverá um amanhã, e mais um dia, e outro. Esse conhecimento pode se estender a apenas algumas horas no futuro, mas também dias, anos ou milênios. É explícito na medida em que esse conhecimento é algo que podemos analisar com nossa mente consciente e, assim, entender e pensar de modo conceitual. O principal benefício do conhecimento explícito de que o tempo avança é a capacidade de planejar o futuro.

Por outro lado, um animal não precisa de uma compreensão real do que é o tempo ou "o futuro" para ter uma vida perfeitamente digna. Um gato doméstico, por exemplo, poderia simplesmente comer quando está com fome e dormir quando está cansado, sem qualquer interesse no que o amanhã pode lhe proporcionar. Nietzsche acreditava que isso dava aos animais uma vantagem sobre os humanos.

"*O animal vive de maneira a-histórica: pois está contido no presente, como um número inteiro sem qualquer fração excedente.*"[12]

Nietzsche lamentava o fato de os animais provavelmente sofrerem menos do que os seres humanos, pois estão livres do fardo do conhecimento do passado e são totalmente inconscientes do que o futuro lhes reserva. Nietzsche acreditava que os animais, assim como as crianças, "brincam na cegueira abençoada entre as fronteiras do passado e do futuro".

Essa noção — de que os animais vivem presos ao presente — é difundida e tema de debate de longa data entre os cientistas. Exceto pelo punhado de casos que conheceremos nesta seção, não parece haver muitas espécies dotadas de um conceito explícito de tempo nos padrões humanos. Apesar de os animais não remoerem sobre o futuro, o tempo ainda é significativo para eles. Ainda que não tenham uma compreensão explícita do que o tempo significa de modo conceitual, quase todos os seres vivos têm um conceito *implícito* de tempo inserido em seu DNA.

"As vidas fisiológicas, bioquímicas e comportamentais de todos os animais estão organizadas em torno do dia composto de 24 horas", diz Michael Cardinal-Aucoin, professor de biologia na Universidade Lakehead e especialista em biologia circadiana. "Suas vidas são governadas pelo tempo; eles antecipam eventos cíclicos que ocorrem regularmente."

Como mamíferos, somos profundamente afetados por um evento cíclico em particular: o nascer do sol. A duração prevista para o dia em que escrevi estas palavras era 23 horas, 59 minutos e 59,998876 segundos. A Lua se afasta e se aproxima da Terra no intervalo de um dia. Isso significa que a atração gravitacional da Lua sobre a Terra não é constante, o que, por sua vez, significa que a velocidade de rotação da Terra é sempre instável. Por causa disso, um dia na Terra raramente dura exatas 24 horas. Em média, a Lua se afasta cerca de cinco centímetros da Terra a cada ano, e é por isso que a duração de um dia na Terra tem se expandido lentamente ao longo dos milênios. Setenta milhões de anos atrás, o dia tinha apenas 23 horas e 30 minutos.[13]

Essas flutuações e mudanças na duração do dia são — em um contexto geral — mínimas, o que permitiu que muitas espécies evoluíssem padrões comportamentais baseados na confiabilidade do nascer e do pôr do sol. Os seres humanos, por exemplo, usam a luz natural para regular seus relógios internos. Como muitas espécies de mamíferos, dormimos quando o sol se põe. À medida que a luz desaparece no final do dia, nossas glândulas pineais produzem o hormônio melatonina, que serve como um sinal para o cérebro de que é hora de dormir.[14] Isso coincide com o aumento gradual de uma substância química chamada *adenosina,* que se acumula lentamente em nosso cérebro ao longo do dia e atinge níveis críticos logo após o pôr do sol, gerando aquela sensação de sonolência que, por fim, nos obriga a ir para a cama. Outras espécies, como os morcegos noturnos, são ativas à noite, portanto têm sistemas opostos de regulação de sono: ficam sonolentos quando o sol nasce. Em ambos os casos, o sol serve como um indicador confiável da passagem do tempo.

Há um sistema mais antigo para monitorar o tempo nas células de todas as criaturas vivas e que não envolve a luz. "Há um mecanismo molecular em nossas células que marca a passagem do tempo", disse o Cardeal-Aucoin. Esse sistema de relógio interno é regulado por *genes do relógio* em nosso DNA. Uma vez ativados, esses genes começam a produzir proteínas — chamadas *proteínas PER* — que se acumulam no interior das células durante a noite. No devido tempo, haverá proteína suficiente para que um limiar seja atingido e os genes do relógio parem de produzi-la. Em seguida, as proteínas PER são quebradas lentamente, até que a quantidade seja tão reduzida que os genes do relógio voltam a produzi-las. Esse processo leva quase 24 horas — uma rotação completa da Terra. Esse mecanismo, chamado de *ciclo de retroalimentação da transcrição e tradução* (TTFL, na sigla em inglês), é encontrado nas células da maioria dos seres vivos, desde plantas e bactérias a seres humanos. Isso ajuda a explicar por que todos os seres vivos no planeta — incluindo animais que vivem em cavernas escuras ou no fundo do oceano, onde não há luz — são, ainda assim, sensíveis ao ciclo solar de 24 horas. Jeffrey C. Hall, Michael Rosbash e Michael W. Young receberam o Prêmio Nobel de Medicina em 2017 por sua descoberta dos genes do relógio na década de 1980. Antes disso, os cientistas sabiam que os seres humanos (e outros animais) tinham um relógio interno que não precisava do sol para se regular, porém a descoberta do TTFL nos forneceu a explicação de como nossas células fazem isso.

No entanto, essa resposta celular à passagem do tempo por meio do TTFL e das pistas externas do sol, que nos orientam em relação ao ciclo dia/noite, não se traduzem necessariamente em uma consciência explícita do tempo. É extremamente improvável que os gatos, por exemplo, pensem no tempo da mesma maneira que os humanos. Meu gato Oscar é, assim como todos os gatos domésticos, crepuscular: mais ativo ao amanhecer e ao anoitecer. Como outros mamíferos, suas células usam o TTFL para regular seu relógio interno, e seu cérebro usa a quantidade relativa de luz solar para induzir ou suprimir sua atividade matinal/noturna por meio da liberação de hormônios. Ele é sensível à passagem do tempo. Mas isso não significa que Oscar conhece os conceitos de tempo abstrato como "amanhã", muito menos o conceito de "próximo inverno". Esse tipo de conhecimento explícito requer aquelas habilidades cognitivas que Susana Monsó mencionou ao tratar da capacidade humana de sabedoria da morte: viagem mental no tempo e previsão episódica.

## Imagine-se em um barco em um rio

Pense um pouco sobre a noite passada. Lembra o que comeu no jantar? Lembra se gostou da refeição? Lembra onde estava sentado enquanto comia? É provável que você se lembre de muitos detalhes. Talvez tenha uma forte memória visual do que comeu, como se fosse uma fotografia impressa em sua mente. Ou talvez a memória seja codificada pela linguagem: o nome dos pratos, os ingredientes e assim por diante. Talvez a recordação venha por meio de uma sensação, como prazer ou desgosto. Agora imagine-se jantando amanhã à noite.

Imagine que o jantar é um prato de espaguete com molho à bolonhesa, e você está sentado no chão da sala de estar do seu melhor amigo. Não há garfos ou colheres, então você está comendo o espaguete com as mãos. E seu amigo está cantando "My Heart Will Go On", a música tema do filme *Titanic*, de 1997. É um cenário estranho, totalmente único; eu o utilizo para ilustrar quanto nossa capacidade de imaginação pode ser especial. Você é capaz de imaginar algo que pode nunca acontecer, mas imagina mesmo assim.

A capacidade tanto de recordar o passado quanto de pensar sobre o futuro é chamada de *viagem mental no tempo*. É definido sucintamente pelos psicólogos Thomas Suddendorf e Michael Corballis como "a faculdade que permite que os seres humanos se projetem mentalmente no tempo, a fim de reviver o passado ou imaginar eventos e potenciais resultados no futuro".¹⁵ Está intimamente ligado a outra capacidade cognitiva chamada *previsão episódica*, que é a capacidade de se projetar mentalmente no futuro para simular eventos imaginados e resultados potenciais."¹⁶ Temos acesso a uma infinita variedade de cenários imaginados nos quais estamos no centro da ação. Você pode se perguntar: "O que aconteceria se eu comesse espaguete com as mãos" e imaginar os muitos resultados possíveis, incluindo alguns assustadores. Por exemplo, em um desses cenários, você pode sufocar até a morte com espaguete mal cozido.

Para que um animal tenha sabedoria da morte semelhante à humana, precisaria ter, também, capacidade de previsão episódica. Para a maioria das espécies, no entanto, há poucas evidências disso — o que parece estranho à primeira vista. Como os animais planejam o futuro se não conseguem se imaginar nele?

Para ajudar a entender isso, vamos considerar as lendárias habilidades de planejamento futuro do quebra-nozes de Clark. Esse passarinho é um membro da família dos corvídeos (assim como seus primos, a gralha-preta e o corvo) e recebeu esse nome de William Clark, que o descobriu durante a famosa Expedição Lewis e Clark nas Montanhas Rochosas no início de 1800. Apesar de Clark receber o crédito pela descoberta, é claro que ele não foi o primeiro a avistar o pássaro. Os shoshoni, por exemplo, já usavam o nome *tookottsi* para o quebra-nozes quase mil anos antes de Clark chegar ao local.¹⁷ Por isso, usarei o termo dos shoshoni em vez do nome comum "quebra-nozes de Clark".

A principal fonte de alimento do tookottsi são sementes de pinheiros, que são abundantes durante a temporada de outono, mas escassas durante o inverno. Então, os tookottsi dominaram a arte de estocar. No outono, eles retiram as sementes das pinhas e as escondem por todo seu território — a até 32km de distância —, para que possam acessá-las durante os meses de inverno. Eles enterram mais ou menos uma dúzia por vez a apenas alguns centímetros abaixo do solo, o que dificulta que esquilos ou outros pássaros as encontrem. Tookottsis podem esconder cerca de 100 mil sementes em até 10 mil esconderijos diferentes[18, 19] em determinada estação. E, surpreendentemente, eles conseguem se lembrar da localização da maioria deles por até nove meses.[20]

Parece mesmo que o tookottsi está planejando o futuro, usando a previsão episódica para se imaginar em uma paisagem invernal, na qual a comida é escassa, e armazenar sementes é a melhor maneira de evitar a fome. Mas não é esse o caso. Um tookottsi nascido na primavera se engajará no armazenamento de sementes, embora nunca tenha experimentado um inverno escasso. Está planejando um futuro que não poderia conhecer ou imaginar. O mecanismo que impulsiona o comportamento de esconder alimentos na mente dos tookottsi está enraizado em sua história evolutiva, um instinto que não exige que o animal se imagine em cenários futuros. Quase todos os exemplos de animais que planejam o futuro — abelhas coletando néctar e produzindo mel para o inverno, corvos construindo um ninho para seus ovos — podem ser atribuídos a esses impulsos instintivos, e não a viagens mentais no tempo.

A psicóloga alemã Doris Bischof-Köhler propôs que apenas os seres humanos têm a capacidade de viajar mentalmente no tempo de tal forma que consigam imaginar e, assim, planejar um futuro estado motivacional conflitante ao estado motivacional atual.[21] Existem, no entanto, algumas espécies animais que parecem capazes disso e, portanto, são os melhores exemplos que temos da capacidade de viagens mentais no tempo em animais não humanos. Como acontece frequentemente, os melhores exemplos vêm dos nossos parentes mais próximos: os chimpanzés. Para compreender corretamente esse exemplo, você precisa saber algo importante sobre o comportamento deles. Lembra-se daquela cena clichê em filmes e programas de televisão na qual chimpanzés atiram objetos quando estão com raiva, incluindo as próprias fezes? Sim, é verdade. Eis o que o Instituto Jane Goodall tem a dizer sobre esse comportamento:

> Em seu habitat natural, quando os chimpanzés ficam com raiva, eles muitas vezes se levantam, agitam os braços e atiram galhos ou pedras — qualquer coisa que estiver a seu alcance. Os chimpanzés em cativeiro são privados de diversos objetos que encontrariam na natureza, e a munição mais prontamente disponível são as fezes. Como as pessoas costumam reagir de maneira exacerbada quando eles fazem isso, seu comportamento é reforçado e provavelmente será repetido, o que explica a abundância de vídeos do YouTube sobre esse tema.[22]

Agora, permita-me apresentá-lo a Santino, cuja fúria para atirar objetos é mundialmente famosa. Nascido em 1978, Santino é um chimpanzé macho que vive no zoológico de Furuvik, na Suécia. Sua reputação de atirar pedras nos visitantes humanos reunidos na área de observação de seu recinto começou há muito tempo. Em 1997, os funcionários do zoológico notaram que Santino parecia estar arremessando um número excepcionalmente grande de projéteis (principalmente pedras, não fezes) durante um intervalo de alguns dias. Quando entraram em seu recinto para investigar, encontraram um estoque de pedras e outros objetos escondidos sob a vegetação ao longo das margens do fosso, perto da área de observação. Havia até pedaços de concreto que ele tinha carregado desde o outro lado do recinto. Os pesquisadores descobriram mais tarde que Santino passava horas antes do horário de abertura do zoológico coletando e escondendo as pedras para se preparar.[23, 24]

Como vimos com o tookottsi, esconder coisas não é evidência de planejamento futuro sofisticado que, necessariamente, envolve uma previsão episódica. No entanto, o que torna o comportamento de Santino especial é que ele estava preparando seu estoque muito antes de ser dominado pelos ataques de fúria que o levavam a atirar as pedras. Segundo relatos, ele parecia calmo enquanto criava o estoque. Isso sugere que Santino estava se preparando para um futuro em que ele sabia que se sentiria com raiva (mesmo que não estivesse sentindo raiva naquele momento). Ao contrário dos tookottsi, Santino parecia viajar mentalmente no tempo e usar essas memórias para se imaginar em cenários futuros. Como Santino parece ter imaginado um futuro em que ele se sentiria diferente da maneira como se sentia atualmente, ele desafia a hipótese de Bischof-Köhler de que essa é uma característica somente humana. Mathias Osvath, o chefe de pesquisa que estuda o comportamento de Santino, afirmou que "o peso acumulado dos dados lança sérias dúvidas sobre a noção de que o sistema cognitivo episódico é exclusivo dos seres humanos".[25]

Outro desafio para a hipótese de Bischof-Köhler vem de gaios-dos-matos-ocidentais. São aves da família dos corvídeos, como as gralhas-pretas, os corvos e os tookottsi. Como outros corvídeos, os gaios-dos-matos-ocidentais escondem alimentos.

Em um famoso experimento, gaios foram mantidos durante a noite em uma de duas gaiolas: em uma, receberam ração de cachorro e, na outra, receberam amendoins no café da manhã. Eles nunca sabiam em que gaiola passariam a noite, portanto não tinham como ter certeza do que comeriam na manhã seguinte. Durante o experimento, eles permitiram que os gaios comessem quanto quisessem durante o dia (e, portanto, não estavam mais com fome); em seguida, eles lhes deram acesso a amendoins e ração que poderiam armazenar em qualquer uma (ou ambas) das gaiolas em que passariam à noite. Os pássaros acabaram armazenando a maior parte da ração na gaiola em que os amendoins eram o alimento habitual do café da manhã e armazenaram mais amendoins na gaiola em que a ração era o alimento habitual. Em outras palavras, eles estavam planejando isso para que, não importasse em que gaiola passassem a noite, pudessem acordar com um café da manhã que consistia em amendoim *e* ração.

O elemento-chave a lembrar é que os gaios não estavam com fome enquanto armazenavam a comida. Estavam imaginando um cenário em que estariam. "Os gaios-dos-matos-ocidentais demonstram um comportamento que indica que estão preocupados em se proteger contra a escassez de alimentos e em maximizar a variedade de sua dieta", explicou Nicola Clayton, um dos autores do estudo.[26] "Os gaios podem planejar espontaneamente o amanhã sem qualquer relação com o seu estado motivacional atual, desafiando, assim, a ideia de que essa é uma capacidade exclusivamente humana."[27]

Esses são os melhores exemplos de animais empregando uma capacidade de previsão episódica. Por mais impressionantes que sejam, há duas coisas importantes a observar aqui. Primeiro, se os animais têm uma visão episódica como os humanos, não parece algo muito comum. Em segundo lugar, essas espécies não parecem usar sua capacidade de viajar mentalmente no tempo na mesma medida que os humanos. Eles parecem se planejar para o futuro (próximo) principalmente no que se refere à aquisição de alimentos. Não pretendo minimizar esses exemplos, pois são amostras bastante sofisticadas (em minha opinião) de que a previsão episódica realmente existe em mentes não humanas. Mas eles também demonstram os limites das capacidades de previsão dos animais, pois, por qualquer motivo, eles não parecem capazes de usar essa habilidade para nada além da aquisição de alimentos (e agressão aos visitantes do zoológico).

Então, o que isso nos diz sobre a capacidade dos animais para a sabedoria da morte?

Eis o que sabemos: a maioria dos animais tem um conceito mínimo de morte. Sabem que a morte significa que um ser vivo entrou em um estado de não funcionalidade permanente. Sabemos que a seleção natural pode dar aos animais a capacidade de planejar por meio de comportamentos instintivos que não dependem de um conceito explícito de tempo nem de qualquer forma de viagem mental no tempo ou previsão episódica. Sabemos que a maioria das espécies animais, como os tookottsi, é capaz de se preparar para o futuro sem precisar da previsão episódica. E, apesar da evidência da capacidade de previsão episódica em algumas espécies (por exemplo, chimpanzés, gaios-dos-matos-ocidentais), não há evidência científica de que animais não humanos podem pensar ou planejar um número ilimitado de situações futuras, incluindo a própria morte. Isso é um enorme contraste com os seres humanos. A sabedoria da morte parece ser de domínio — provavelmente exclusivo — da nossa espécie. A pergunta então é: isso é uma coisa boa ou ruim? Em termos de seleção natural (e de nossa sanidade), a sabedoria da morte é uma bênção ou uma maldição?

## A maldição de Cassandra

O campo da tanatologia evolutiva surgiu em 2018 como uma nova disciplina acadêmica que se concentra em como os animais (incluindo os seres humanos) evoluíram sua compreensão e respostas comportamentais à morte.[28] Os humanos modernos, como você bem sabe, não tratam seus mortos da mesma forma que qualquer outra espécie animal. Temos regras culturais e rituais elaborados. Os antigos egípcios do Império Antigo (2686 a 2125 A.E.C.) mumificavam os corpos dos membros de elite da sociedade, colocavam os órgãos (estômago, intestinos, fígado e pulmões) em vasos canópicos e preservavam o corpo em bandagens de linho. O coração ficava intocado, e o cérebro era removido e descartado. Na Coreia do Sul moderna, os corpos são cremados e as cinzas são comprimidas em contas brilhantes que podem ser usadas como joias. Em algumas casas funerárias na América do Norte, existe a opção de velório drive-thru, permitindo que os enlutados permaneçam em seus carros enquanto passam pelo caixão dos entes queridos.

A tanatologia evolutiva dedica-se a compreender não apenas como as práticas funerárias humanas evoluíram culturalmente, mas também como nossa compreensão psicológica e respostas à morte evoluíram ao longo do tempo. Uma vez que pode ser bastante difícil sondar a psicologia de espécies mortas há milhões de anos, um ponto de partida mais fácil é analisar nossos parentes vivos mais próximos: os chimpanzés. Em uma série de artigos que desvendam o campo da tanatologia evolutiva, o psicólogo James Anderson considerou o que sabemos (e não sabemos) sobre a compreensão dos chimpanzés sobre a morte. Ele escreveu:

> Não ficou bem claro se os chimpanzés entendem que todas as criaturas morrem (universalidade), mas uma sugestão razoável é que eles sabem que outras criaturas podem morrer. Esse conhecimento provavelmente inclui uma noção da própria vulnerabilidade, quando não a inevitabilidade da própria morte.[29]

A compreensão da inevitabilidade da morte é a principal diferença entre a psicologia humana e a animal no que diz respeito à morte. Os humanos sabem que a morte é inevitável. Os chimpanzés podem até entender isso, mas, com base nas evidências científicas mencionadas, provavelmente não compreendem. Isso significa que, em algum ponto durante a evolução do *Homo sapiens* do ancestral comum que compartilhamos com os chimpanzés, nos separamos de nossos parentes primatas mais próximos quando se tratava de nossa capacidade de imaginar nossa morte. Algo aconteceu no cérebro/mente de nossos ancestrais que transformou o conceito mínimo que temos da morte em sabedoria da morte.

Imagine, então, o exato momento em que uma mutação genética surgiu em um genoma hominídeo que levou um bebê a nascer, pela primeira vez, com a capacidade cognitiva de aprender que a morte é inevitável. Esse não é apenas um cenário hipotético, mas um evento real que ocorreu em algum lugar nos últimos 7 milhões de anos. É improvável que uma única mutação tenha resultado em um gene de sabedoria da morte surgir do nada, é claro. Teria sido um processo de seleção natural que perdurou ao longo de milênios com base em uma coleção de capacidades cognitivas em evolução — como aquelas necessárias para viagens mentais no tempo ou previsão episódica. Mas houve inegavelmente um momento na história de nossa espécie em que um bebê hominídeo nasceu com uma capacidade total de saliência da mortalidade de pais que não tinham essa capacidade na mesma medida. Um momento em que a sabedoria da morte floresceu na mente de uma criança pela primeira vez na história da vida neste planeta.

Imagine essa pobre criança crescendo em algum lugar na África. Vamos chamá-la de Cassandra. Durante a puberdade, e após uma vida inteira aprendendo sobre a morte ao testemunhar os membros da família e os animais ao seu redor morrerem, Cassandra sentiria a dor da sabedoria da morte se apossar de sua mente. Como aconteceu com minha filha, por volta dos 8 anos. Se Cassandra tentasse explicar a natureza de sua ansiedade aos pais usando qualquer capacidade de linguagem que sua espécie tivesse na época, eles simplesmente não entenderiam. Ela viveria um inferno particular de angústia existencial com literalmente ninguém no planeta capaz de entender o que ela estava passando.

Como esse conhecimento recém-descoberto beneficiou aquela jovem? Há todas as razões para acreditar que a sabedoria da morte irrompendo em uma mente jovem como essa causaria tanto trauma que Cassandra seria incapaz de ter uma vida normal. É, no mínimo, difícil perceber como esse conhecimento aumentaria sua aptidão, em termos evolutivos. Os pais e irmãos de Cassandra certamente já estavam lutando para sobreviver, como era a norma para nossos ancestrais pré-históricos. Eles já viviam com medo. Que possível benefício poderia haver em *saber* que um dia ela morreria? Essa jovem deve, sem dúvidas, ter sofrido trauma psicológico suficiente para pôr fim à sua linhagem genética naquele momento.

Mas não foi isso que aconteceu. Em vez disso, a linhagem genética de Cassandra tornou-se a dominante. Seu sucesso como indivíduo dentro de sua família e tribo levou à disseminação da sabedoria da morte por toda a espécie. E do estoque genético de Cassandra surgiu o *Homo sapiens*, não apenas a última espécie de hominídeo existente, mas a espécie de mamífero mais bem-sucedida que já viveu neste planeta.

Como Cassandra conseguiu isso? No livro *Denial: Self-deception, False Beliefs, and the Origins of the Human Mind* [sem publicação no Brasil], o médico Ajit Varki explica como uma conversa com o falecido biólogo Danny Brower levou a uma hipótese da origem da mente humana que lida especificamente com o problema de Cassandra. Ele escreveu:

> Tal animal já teria mecanismos de reflexo embutidos para respostas de medo a situações perigosas ou de ameça de vida. Mas esse medo inconsciente agora se tornaria consciente, um terror constante de saber que vai morrer e que isso poderia acontecer a qualquer hora, em qualquer lugar. Nesse modelo, a seleção só favoreceria o indivíduo que atingisse a TdM [teoria da mente] completa aproximadamente ao mesmo tempo em que também obtivesse a capacidade de negar sua mortalidade. Essa combinação seria um evento muito raro. É até possível que este tenha sido o momento definidor para a especiação

original dos humanos comportamentais modernos. Este é o Rubicão que nós, humanos, parecemos ter atravessado.[30]

O argumento oferecido no livro *Denial* é que, se um animal como Cassandra nascesse com a combinação de capacidades cognitivas que leva à sabedoria da morte (equivalente ao que é referido como "TdM completa" na citação anterior), ela não conseguiria sobreviver em função das "consequências imediatas extremamente negativas".[31] Ela simplesmente enlouqueceria e seria incapaz de gerar qualquer prole (muito menos sobreviver à infância). Somente ao evoluir a capacidade de compartimentar esses pensamentos sobre a mortalidade (o que Varki chama de *capacidade de negação*), um animal como Cassandra seria capaz de permanecer são o suficiente para procriar.

Quais são, então, os benefícios evolutivos da sabedoria da morte? Se representa um risco tão grande que só conseguimos explicar sua existência por meio de uma capacidade de negá-la, por que foi tão útil para Cassandra a ponto de ela se tornar a linhagem genética dominante? Eis a resposta: a sabedoria da morte depende de capacidades cognitivas extremamente benéficas para a compreensão humana do funcionamento do mundo (por exemplo, viagens mentais no tempo, previsão episódica, conhecimento explícito do tempo). Nossa capacidade de perguntar *por que* as coisas acontecem e, assim, fazer previsões e planos que podem mudar o curso dos eventos, faz parte de nossa aptidão como especialistas em *por que* mencionadas no Capítulo 1. A previsão episódica é claramente uma capacidade cognitiva envolvida nesse processo. E uma vez que a sabedoria da morte é um efeito inevitável da previsão episódica, simplesmente não podemos desvincular a sabedoria da morte de nossa aptidão como especialistas em *por quê*. A seleção natural parece perceber o benefício dessa especialidade na medida em que ela nos ajudou a proliferar. O mesmo deve ser verdade para a previsão episódica e a sabedoria da morte. Portanto, um benefício claro para a sabedoria da morte é seu papel em outras capacidades cognitivas — ou seu surgimento com base nelas — que permitiram que nossa espécie superasse todos os outros hominídeos e a maioria dos outros mamíferos para dominar este planeta.

Também é possível que a sabedoria da morte tenha ajudado nossa espécie a alcançar o sucesso, fortalecendo nossa capacidade de socialização. Longe de ser uma falha no sistema, ou uma consequência indesejada, ela pode, de fato, ser um recurso. O psicólogo Ernest Becker ganhou um Pulitzer por seu livro *A Negação da Morte*, em que ele explica que grande parte do comportamento humano — e a maior parte de nossa cultura — é gerada em resposta a nosso conhecimento sobre a própria morte e a subsequente tentativa de criar algo imortal, algo que viverá após nossa morte e, portanto, tem significado e valor.[32] Os seres humanos elaboram sistemas de crença, leis e ciência para que possamos desfrutar do que Becker descreveu como "um sentimento de valor primário, de excepcionalidade cósmica, de utilidade final da criação, de significado inabalável." Construímos templos, arranha-céus e famílias multigeracionais na esperança de que "as criações humanas na sociedade tenham valor e significado duradouros, que sobrevivam ou superem a morte e a decadência inerentes ao homem e a seus frutos." Ernest Becker argumenta que a sabedoria da morte nos inspira a elaborar uma infinidade de projetos de imortalidade, alguns dos quais podem ser uma bênção para nossa aptidão evolutiva à medida que são transmitidos para as gerações futuras por meio da cultura. Criações como a própria ciência, que é impulsionada tanto pelo desejo por notoriedade de cientistas individuais quanto pelo puro amor ao conhecimento.

Becker está certo. Não há como negar que a sabedoria da morte gera belas criações que agregam valor (e significado) à condição humana. Mas é mais especificamente nossa fé na importância de nossos projetos de imortalidade cultural e seu papel central absoluto no sentimento de valor que traz à tona o pior no comportamento humano. Guerras santas são travadas entre ideologias concorrentes sobre a natureza do caminho para a imortalidade. O genocídio — conforme idealizado pelo rei Leopoldo II no Congo em parceria com missionários cristãos — é cometido em nome de deuses atemporais (tanto teológicos quanto econômicos). Caminhe por qualquer cidade deste planeta e provavelmente encontrará estátuas de figuras históricas cujo nome e aparência ainda são reconhecidos exatamente porque dedicaram a vida a alcançar a notoriedade pelos motivos errados. Você ainda pode encontrar estátuas em homenagem a Joseph Stalin, Nathan Bedford Forrest e Cecil Rhodes. Muitas dessas estátuas celebram a vida de indivíduos que alcançaram a fama por meio da guerra, de assassinatos e da subjugação de seus semelhantes. A sabedoria da morte nos dá o impulso de buscar a imortalidade gerando arte e beleza, mas também — com certa ironia — a morte.

Há outras consequências negativas para a sabedoria da morte de uma perspectiva evolutiva. Além dos projetos de imortalidade mencionados que, claramente, deram errado (por exemplo, o genocídio), há as consequências negativas cotidianas. Problemas como depressão, ansiedade e suicídio. Embora os transtornos de humor tenham origens complexas que podem envolver um grande número de causas (por exemplo, transtorno afetivo sazonal, que pode ser desencadeado por mudanças nos níveis hormonais devido à falta de exposição à luz solar; ou depressão pós-parto, desencadeada por mudanças hormonais após o parto), não há dúvida de que nossa capacidade de contemplar a morte pode afetar negativamente o humor. Tanto é que sentimentos de niilismo, desesperança e pensamentos de morte estão presentes em casos de depressão e são causas potenciais de suicídio. Atualmente, 280 milhões de pessoas neste planeta sofrem de depressão. Mais de 700 mil morrerão por suicídio este ano; é a quarta principal causa de morte entre os 15 e os 29 anos.[33] Embora a sabedoria da morte por si só não seja certamente a razão para esses números de depressão e suicídio, não há dúvida de que desempenha um papel. O próprio Nietzsche talvez seja o exemplo clássico, tendo vivido com a depressão ao longo da vida, ao mesmo tempo em que se debatia com o problema filosófico do niilismo. Essas coisas certamente estão inexoravelmente ligadas.

De minha parte, não passo muito tempo contemplando minha morte. Ocasionalmente, como minha filha, tenho momentos tarde da noite enquanto tento adormecer, em que a realidade da morte se infiltra em minha mente e o medo se apodera dela. Mas esses pensamentos são fugazes, logo substituídos por letras de músicas ou pela lista de afazeres do dia seguinte. Desconfio que essa seja a realidade para a maioria dos humanos. Só porque somos capazes de contemplar nossa morte não significa, necessariamente, que passamos muito tempo fazendo isso. É assim, então, que a capacidade de negação da morte nos mantém sãos.

Ela nos permite ignorar esses pensamentos mórbidos e intrusivos tempo suficiente para que possamos lavar nossa roupa.

Indiscutivelmente, de modo geral, os benefícios da previsão episódica e da especialização em *por que* superam as consequências negativas da sabedoria da morte. O simples fato de haver 8 bilhões de nós espalhados ao redor do globo, cada um tendo contemplado a própria morte em algum momento, sugere que a sabedoria da morte é administrável. No que diz respeito à evolução, a sabedoria da morte não é problemática o suficiente para afetar nosso sucesso como espécie.

Mas as consequências diárias da sabedoria da morte realmente são ruins. Acredito que os animais têm uma relação com a morte melhor do que nós. Como vimos neste capítulo, muitos animais sabem que podem morrer. Eles sabem o que é a morte. Eles não são ignorantes a ponto de, como Nietzsche disse: "Brincar na cegueira abençoada entre as fronteiras do passado e do futuro", conforme a citação mencionada anteriormente sugeriu. Mas, apesar desse conhecimento, eles não sofrem tanto quanto nós pelo simples fato de não serem capazes de imaginar sua morte. Um narval nunca se afligirá com o espectro da morte como fez Nietzsche. Se ele fosse um narval, estaria livre do pavor niilista. E se eu fosse um narval, não teria que me sentar na beirada da cama de minha filha e assistir aos seus olhos se encherem de lágrimas enquanto ela pensava em sua morte inevitável. Eu trocaria qualquer um de meus amados projetos de imortalidade para apagar a maldição da sabedoria da morte da mente de minha filha.

C A P Í T U L O   4

# O Albatroz Gay e o Inconveniente Fardo da Homofobia

*O problema da moralidade humana*

> Não consideramos os animais como seres morais. Mas você acha que os animais nos consideram assim? Um animal falante me disse uma vez: "A humanidade é um preconceito do qual nós animais, ao menos, não sofremos."
> — **NIETZSCHE**[1]

Hashizume Aihei foi um soldado da 6ª Divisão de Infantaria do exército imperial japonês. Em 8 de março de 1868, a divisão de Hashizume estava na cidade costeira de Sakai (perto de Osaka), quando soldados de um navio de guerra francês ancorado no porto — o *Dupleix* — desembarcaram. Isso foi apenas um ano após o início da Restauração Meiji, no Japão, uma transição de um sistema feudal governado por xoguns (ditadores militares) para um governo imperial central que, pela primeira vez em séculos, permitiu a presença de ocidentais em solo japonês. Era a primeira vez que os habitantes de Sakai viam um estrangeiro, e eles ficaram bastante consternados quando os soldados franceses começaram a passear casualmente por seus templos sagrados e a flertar com as moradoras locais. O comportamento dos marinheiros franceses era exatamente o que você esperaria de um marinheiro ocidental do século XIX em licença em terra, mas os japoneses consideravam uma repulsiva violação da decência. Hashizume e seus homens foram ordenados a persuadir os soldados franceses a voltar para seus navios, o que era quase impossível devido à barreira linguística. Frustrados, os soldados japoneses agiram: agarraram e restringiram um deles e amarraram suas mãos. Pensando que esse era o início de um confronto, os franceses fugiram em direção a seus navios; um deles, no entanto, roubou uma bandeira militar japonesa no caminho. O dono da bandeira, um bombeiro chamado Umekichi, correu atrás do ladrão francês e partiu sua cabeça usando um machado. Em retaliação, os franceses começaram a disparar contra Umekichi. Hashizume e seus companheiros soldados sacaram os rifles e revidaram. Os franceses estavam em grande desvantagem numérica e de armas, pois a intenção deles no momento era apenas de explorar a cidade (e conhecer as mulheres locais). Eles não estavam preparados para a batalha. Após um breve tiroteio, os japoneses haviam matado dezesseis soldados franceses.

Dadas as novas e ainda precárias relações entre os países, diplomatas de ambos os lados foram rápidos em acalmar os ânimos, impedindo mais derramamento de sangue. Os franceses insistiram que os militares japoneses fossem responsabilizados pelas mortes. Exigiram um pedido de desculpas oficial, US$150 mil como reparação e a execução de vinte dos soldados japoneses responsáveis pelo massacre.

Todos os 73 soldados envolvidos no incidente foram interrogados, e 29 admitiram ter disparado suas armas; destes, todos estavam dispostos a ser executados em honra ao seu imperador. Tento em vista que os diplomatas franceses pediram apenas vinte, os soldados foram a um templo onde sortearam no palitinho para determinar quem morreria. Hashizume foi um dos sorteados. Os nove soldados que ficaram de fora ficaram decepcionados. Protestaram contra seu destino, exigindo ser executados ao lado de Hashizume e os companheiros soldados. O pedido foi negado.

É nessa parte da história em que a questão de qual é o caminho moral correto depende inteiramente de sua formação cultural.

Hashizume e os outros soldados condenados à morte aceitaram — até desejaram — seu destino, mas não concordaram que haviam violado qualquer código militar. Afinal, os franceses atiraram primeiro. O que eles queriam era a alteração da sentença: morrer por suicídio ritual — seppuku — em vez de ser executados. Isso os elevaria ao status de samurais — o derradeiro propósito de todo soldado de infantaria. Esse pedido foi concedido, o qual, aos olhos das autoridades japonesas, constituía uma oportunidade para sutilmente humilhar os franceses e honrar — não retaliar — os soldados condenados.

Em 16 de março de 1868, Hashizume e os outros dezenove condenados estavam vestidos com trajes cerimoniais — o hakama branco e o haori preto — e foram transportados em palanquins (liteiras cobertas e adornadas), acompanhados por centenas de soldados até um templo budista. Eles receberam uma última refeição de peixe e saquê. Dignitários de ambas as nações estavam sentados diante do local onde ocorreria o seppuku. Entre eles, o comandante do *Dupleix*, com o fantástico nome Abel-Nicolas Georges Henri Bergasse du PetitThouars, alto funcionário francês destacado para verificar se os japoneses cumpririam sua parte do acordo.

Um por um, os soldados se apresentaram e se ajoelharam calmamente em um tatame, enfiando a espada na barriga, cortando a artéria mesentérica superior em seu abdômen. Ainda em agonia, eles inclinaram a cabeça e foram decapitados por seu assistente. Seppuku é uma prática antiga consolidada ao longo de setecentos anos de história samurai. E essa foi a primeira vez que essa prática foi testemunhada por uma pessoa não japonesa, e du Petit-Thouars ficou, para dizer o mínimo, chocado. De acordo com alguns relatos, du Petit-Thouars se levantou várias vezes durante toda a cerimônia, impressionado com a incrível calma dos homens enquanto estripavam a si mesmos. Hashizume era o décimo segundo na fila e, no momento em que ele estava prestes a começar a seppuku, du Petit-Thouars exigiu que a cerimônia fosse interrompida, declarando que a dívida havia sido paga. Ele, então, reuniu os restantes dignitários franceses e voltou apressadamente para o navio.

Para Hashizume, isso foi uma grande desonra. Ele estava sendo privado de uma morte justa — uma chance de trazer honra para si mesmo e seu imperador. Enquanto du Petit-Thouars considerava a interrupção um ato de misericórdia, para Hashizume, significava exatamente o oposto. Aos nove samurais restantes foi dito, alguns dias depois, que du Petit-Thouars pedira que as sentenças de morte deles fossem revogadas. Foi um golpe tão duro para Hashizume que, ao ouvir a notícia, ele mordeu a língua na esperança de que sangrasse até a morte. Para Hashizume e os outros homens, a misericórdia demonstrada por du Petit-Thouars era um destino pior do que a morte.[2]

Vamos considerar os dilemas morais evocados por essa história. Em primeiro lugar, era justificado que os franceses exigissem execuções como reparação pela morte de seus soldados? O sistema olho por olho é moral? Ou as execuções sancionadas pelos Estados são inerentemente bárbaras e amorais? Du Petit-Thouars estava sendo misericordioso quando interrompeu a cerimônia? Se sim, misericordioso aos olhos de quem? Certamente não aos dos soldados japoneses poupados. Honra por suicídio é um código moral anacrônico? Como essa história mostra, as respostas a essas questões morais variam dependendo de para quem você pergunta, de onde são e em que época vivem. A moralidade, embora não seja necessariamente de todo arbitrária, é, em grande parte, determinada pela cultura.

O fato de o contexto sociocultural e histórico ter uma enorme influência no que consideramos certo ou errado sugere que nosso senso moral não é um código monolítico concedido a nós por forças externas sobrenaturais. Parece mais um conjunto de receitas herdadas que são alteradas pela cultura. Se isso for verdade, então nossa capacidade de moralidade é algo que evoluiu como qualquer outro traço cognitivo. Pelo menos é o que os cientistas que estudam o comportamento animal pensam. O primatólogo Frans de Waal publicou diversos livros incríveis sobre o tema da complexidade social em animais e popularizou a ideia da abordagem ascendente da evolução da moralidade humana. Isso sugere que a moralidade humana (incluindo a religiosidade) não é transmitida a nós por deus(es). Também não é derivada exclusivamente do pensamento de ordem superior sobre a natureza do certo e do errado. Em vez disso, é um afloramento natural (moldado pela evolução) de comportamento e cognição que é comum a todos os animais sociais. "A lei moral não é imposta de cima ou derivada de princípios bem fundamentados", escreve de Waal em *The Bonobo and the Atheist* [sem publicação no Brasil]: "Ela surge de valores arraigados que existem desde o início dos tempos."[3]

Considere, por exemplo, como outras espécies de primatas embasadas por valores antigos e arraigados lidariam com conflitos sociais que lembram o incidente em Sakai. Como o macaco-urso, um macaco do Velho Mundo que vive do outro lado do mar do Japão, no sudeste da Ásia. Assim como a maioria dos primatas, o conflito é uma parte comum de seu mundo social. As lutas determinam quem está no comando e a posição social de cada um. Os macacos-urso vivem em grupos de até sessenta indivíduos, sendo o macho alfa o principal protetor do grupo e aquele que detém direitos exclusivos de acasalar com as fêmeas e procriar. Machos alfa são ocasionalmente desafiados por machos mais jovens e devem reafirmar seu domínio. Imagine, então, um cenário hipotético em que um jovem macho se aproximou de um macho alfa que está ocupado catando parasitas em uma fêmea. O jovem macho se senta e começa a passar os dedos no pelo da fêmea, à procura de parasitas. Dado seu status, é o alfa que tem prioridade na catação, então essa intromissão não será tolerada. O alfa repreende o jovem precoce batendo na cabeça dele. Para se redimir, o jovem macho se vira e mostra o traseiro para o macho alfa — balançando-o perto da cara dele.

O alfa reconhece que isso é um ato de arrependimento e agarra o traseiro do jovem macho, abraçando-o por alguns instantes. Esse é um sinal de que o relacionamento deles foi restaurado e de que está tudo bem. A lição aqui é que ambos os animais sabiam que algum tipo de regra havia sido violado e que algo tinha que ser feito para esclarecer quem estava no comando.[4]

Animais sociais (como macacos) vivem guiados por códigos que ditam como eles devem e não devem se comportar dentro de seus mundos sociais. Os cientistas chamam esses códigos de *normas* animais. Os seres humanos também têm normas que guiam nossas ações, como aprenderemos. Mas os humanos também têm códigos adicionais que guiam suas ações na forma de moral. Ao contrário das normas, a moral nos diz não apenas que devemos nos comportar de determinada maneira, mas *por quê*. Hashizume acreditava que deveria praticar o seppuku *porque* honraria seu imperador e permitiria que ele morresse como um samurai, por exemplo. Du Petit-Thouars acreditava que deveria parar a execução *porque* estava gerando sofrimento desnecessário. Ao contrário das normas, que são regras implícitas que operam em segundo plano, as posições morais foram explicitamente consideradas, avaliadas e decididas pelo indivíduo, pela sociedade/cultura ou, talvez, até por seus deuses.

Este capítulo é dedicado a demonstrar como as capacidades cognitivas humanas tratadas até agora neste livro — como especialização em *por que*, sabedoria da morte e teoria da mente — moldaram o senso moral humano a partir da argila da normatividade animal. Mostrarei, ainda, que, na verdade, são os animais que geralmente detêm a superioridade ética, apesar de não terem a capacidade de um pensamento moral humano completo. O raciocínio moral humano, muitas vezes, leva a mais morte, violência e destruição do que encontramos no comportamento normativo de animais não humanos. É por isso que a moralidade humana, como argumentarei, é uma droga.

Considere como o incidente em Sakai pode ter sido resolvido com justiça restaurativa ao estilo dos macacos. Imagine os franceses reconhecendo que eram os japoneses que tinham o direito de proteger sua aldeia devido a seu status de macho alfa, e que era du Petit-Thouars que precisaria expiar o mau comportamento de suas tropas durante a licença em terra. Sob o olhar dos samurais sentados ao redor do pavilhão ao ar livre, du Petit-Thouars, vestido com pompas militares, caminharia até Hashizume, que estaria ajoelhado, e se agacharia na frente dele com seu traseiro para cima. Hashizume, então, agarraria o traseiro de Petit-Thouars e o seguraria firme em seus braços por alguns minutos, enquanto todos na multidão assentiam com apreço. Ninguém precisaria morrer. Não haveria conceito de honra ou reparação politicamente motivada. Apenas a reconciliação e a imagem emocionante de um samurai abraçando o traseiro de um francês.

## Traseiro para a lua

Todos os animais, incluindo os humanos, parecem viver e morrer por regras implícitas, não verificadas e não declaradas. Cientistas e filósofos usam a palavra *normas* para rotular as regras implícitas que determinam quais comportamentos são permitidos ou esperados dentro do mundo social de um animal. Os filósofos Kristin Andrews e Evan Westra, da Universidade de York, usam o termo *regularidade normativa* para descrever o tipo de sistema baseado em normas que rege as sociedades animais, o qual definem como "um padrão socialmente mantido de conformidade comportamental dentro de uma comunidade".[5]

Esses padrões de conformidade que Andrews e Westra destacam são facilmente evidentes para qualquer pessoa que passe um tempo observando os animais. Minhas galinhas, por exemplo, têm padrões claros de comportamento em relação a qual delas obtém o primeiro acesso ao espaguete que eu jogo no cercado. Shadow, que está no topo da hierarquia, é sempre a primeira a pegar qualquer comida que eu jogar. Dra. Becky, por outro lado, está perto da parte inferior da ordem social e permanecerá às margens do grupo. Se a Dra. Becky tentar pegar um pouco de espaguete antes de ser a sua vez, ela será bicada por Shadow. Dra. Becky terá violado uma norma sobre quem come primeiro. Minhas galinhas têm um sistema para determinar o que a outra deve e não deve fazer quando se trata de comer (e as consequências de violar essas normas) para manter os padrões de conformidade (ou seja, a hierarquia) do grupo.

Por e-mail, Westra me explicou que as normas não são sinônimo de regras, uma vez que "na prática, é muito difícil dizer qual regra — se houver — um animal está realmente seguindo quando se comporta de determinada maneira" e que "vários filósofos e cientistas cognitivos acreditam que as emoções são uma parte mais central das normas sociais do que a existência de regras". Quando as normas são violadas, muitas vezes há consequências na forma de emoções negativas (tanto para o violador quanto para o violado) e, às vezes, punição. Os animais sentem a pressão para se conformar com as normas na forma de ansiedade, desconforto ou mesmo raiva, se uma norma for violada. As violações das normas geralmente resultam em comportamentos que ajudam a restabelecer o status quo, para as emoções negativas desaparecerem, como as bicadas de Shadow na Dra. Becky ou a técnica de reconciliação de abraçar o traseiro empregada pelos macacos. A pressão que os animais sentem para se conformar às normas e as consequências que experimentam por violá-las, na forma de emoções negativas, é o que mantém a estrutura social em todas as sociedades de animais.

Animais como galinhas não precisam de cognição complexa para que essas normas sociais surjam e guiem suas ações por meio de emoções negativas. Elas não precisam da teoria da mente para adivinhar o que as outras galinhas entendem por hierarquia. Nem minhas galinhas precisam de inferência causal para refletir sobre as razões pelas quais Dra. Becky deve esperar para comer e ser a última — e se isso é justo ou não. A maioria das normas funciona assim para os animais; padrões de comportamento guiados por emoções que, de outra forma, seriam ignorados. Na verdade, a maioria das normas funciona da mesma maneira para os humanos.

O comportamento humano é regido por normas que internalizamos, mas que não nos são ensinadas explicitamente. Por não serem verificadas e ensinadas e, portanto, não serem estruturadas por ideias de bem/mal ou certo/errado, não são elevadas ao status moral. Considere a norma envolvida na aceitação ou não do ato de limpar o rosto de outra pessoa. É provável que você viva em uma sociedade em que seria inaceitável se aproximar de um estranho na rua com um guardanapo na mão e limpar a comida do canto de sua boca. Esse é um comportamento bastante íntimo, que reservamos para nossos filhos e entes queridos e, talvez, um amigo próximo, mas não é algo que fazemos com estranhos. Ninguém lhe ensinou isso, mas você respeita essa regra mesmo assim. E é provável que nunca tenha pensado ou lido sobre essa regra de limpar o rosto, provando que você a internalizou antes mesmo de eu mencioná-la. Você simplesmente se sentiria desconfortável ao tentar limpar o rosto de um estranho com um guardanapo. Essa é a natureza clássica de uma norma: uma regra implícita que guia seu comportamento ao manipular suas emoções.

Existem muitos tipos de emoções rondando a mente dos animais (incluindo os seres humanos) que ajudam a gerar comportamento normativo. Algumas são muito mais complexas do que apenas uma sensação desconfortável.[6] Considere a emoção da *equidade*. Quando os cientistas examinaram o cérebro das pessoas que deveriam decidir sobre a distribuição de alimentos para crianças famintas, eles perceberam que as regiões do cérebro envolvidas na resposta emocional — o córtex insular — foram ativadas quando os alimentos foram distribuídos injustamente.[7] "Dado o envolvimento do córtex insular nas emoções e nos julgamentos de justiça", disse o autor principal Ming Hsu à ABC News, "concluímos que as emoções são julgamentos de equidade subjacentes".[8] Em outras palavras, equidade e justiça não são julgamentos morais de nível superior no cérebro humano, mas, sim, normas orientadas pela emoção à espreita nas margens de nossa consciência. É por isso que não é surpresa encontrarmos sentimentos de equidade e justiça na mente de outros animais.

Talvez o experimento mais famoso que mostra a presença de equidade nos animais tenha sido conduzido por Sarah Brosnan e Frans de Waal. Eles testaram a sensibilidade à desigualdade social em um grupo de macacos-prego, oferecendo-lhes diferentes recompensas alimentares para completar a mesma tarefa. Em sua TED Talk de 2011, de Waal exibiu um vídeo para o público que mostrava duas macacas (Lance e Winter) em jaulas adjacentes. Um pesquisador coloca uma pedra na jaula de Lance, que ela devolve ao pesquisador, recebendo uma fatia de pepino como recompensa. O pesquisador, em seguida, coloca uma pedra na jaula de Winter, que ela devolve, recebendo uma uva como recompensa. Os macacos-prego preferem uvas a pepinos, e Lance observa essa troca com interesse. O pesquisador novamente coloca uma pedra na jaula de Lance e lhe dá um pepino como recompensa. Lance o prova, percebe que é um pepino e não uma uva e o joga violentamente de volta para o pesquisador. Depois, ela bate com raiva no chão e sacode sua jaula. Essa é a evidência de que Lance achou injusto receber uma recompensa alimentar inferior para a mesma tarefa. Lance estava respondendo à violação de uma norma de justiça.

Isso, no entanto, não significa que Lance, necessariamente, tenha um senso de moralidade. Claramente, um senso de justiça que leve a códigos morais é a base sobre a qual a justiça humana e os sistemas legais são construídos. É o que levou os franceses e os japoneses a se comportarem da maneira que fizeram durante o incidente em Sakai. Mas uma noção subconsciente de justiça é apenas um espectro do tipo de complexidade moral encontrada, por exemplo, no código samurai. "Isso ocorre porque os sentimentos não são suficientes", argumenta de Waal. "Nós lutamos por um sistema logicamente coerente e debatemos sobre como a pena de morte se encaixa nos argumentos da santidade da vida, ou se determinada orientação sexual pode ser moralmente errada. Debates exclusivamente humanos. Esse é o diferencial da moralidade humana: um movimento em direção aos padrões universais combinado com um sistema elaborado de justificação, monitoramento e punição."[9]

Ao contrário dos animais, os seres humanos têm regras formais e explícitas para "certo" e "errado", com justificativas elaboradas e bem ponderadas. E, ao contrário dos animais, estamos constantemente ajustando o que consideramos certo e errado à medida que nossas culturas e sociedades evoluem. Extraímos essas ideias formais de discussões filosóficas e religiosas sobre a natureza da moral e da ética. Considere as diversas razões que podemos usar para afirmar que comer porco é errado. Um líder religioso judaico-cristão, por exemplo, pode argumentar que é errado comer porco porque a Bíblia o considera um animal "impuro".[10] Um filósofo abolicionista — aquele que argumenta que toda utilização de animais de qualquer tipo é inerentemente errado — pode argumentar que é errado comer porcos porque animais não humanos sencientes têm o direito inerente de não serem tratados como propriedade. Um legislador pode decidir que comer suínos é bom, mas só se forem abatidos em um matadouro sancionado por um açougueiro licenciado e se a carne for processada de acordo com os códigos sanitários pertinentes. Todos esses sistemas morais e legais que estipulam o certo e o errado (e as próprias definições de *certo* e *errado*) dependem, em grande parte, da capacidade humana de gravar essas ideias em nossa mente consciente e formalizá-las por meio da linguagem.

Como, então, o *Homo sapiens* elaborou nosso sistema moral com base nos sistemas normativos que encontramos em outros animais? Capacidades cognitivas como a linguagem são necessárias? Em seu livro *A Natural History of Human Morality* [sem publicação no Brasil], o psicólogo do desenvolvimento Michael Tomasello descreve a moralidade humana como "uma forma de cooperação" que emergiu conforme os humanos "se adaptaram a formas novas e únicas de interação e organização social", resultando no *Homo sapiens* se tornando um "primata ultracooperativo".[11] Para Tomasello, a evolução dessa moralidade baseada na cooperação não dependia, inicialmente, da linguagem tanto quanto dos precursores da teoria da mente. Ele imagina um período em nossa história evolutiva — anterior ao aparecimento dos ancestrais que vimos ao redor do Lago Baringo no Capítulo 1 — no qual os hominídeos antigos começaram a fazer algo novo: caçar juntos em pares. Caçar com um parceiro requer um entendimento de que a outra pessoa tem um objetivo igual ao seu (por exemplo, matar um antílope). Esse entendimento (chamado de *intencionalidade conjunta*) em que você entende os objetivos de outra criatura é um precursor da teoria da mente (que lhe dá uma compreensão das crenças, e não apenas dos objetivos). Há evidências de que algumas espécies não humanas — como os chimpanzés — se engajam em práticas de caça que envolvem intencionalidade conjunta nesse sentido.[12] No cenário imaginado por Tomasello, um senso de "nós" emerge desses cenários, em que cada parceiro tem expectativas claras de como o outro deveria agir para colaborar e caçar o antílope. Regras e normas começam a surgir, ajudando-nos a determinar, por exemplo, a maneira correta de dividir a carne após uma captura, para que ambos os membros do "nós" sejam recompensados por sua contribuição para a caça.

Uma vez que os seres humanos começaram a se reunir em grupos maiores há 100 mil anos, a fase seguinte da evolução moral humana teve início: a transição da intencionalidade conjunta para a *intencionalidade coletiva*. O "nós" do par de caça, em algum momento de nossa história evolutiva, foi atualizado para o "nós" da tribo. Nossos ancestrais foram capazes de fazer melhores suposições sobre o que o outro estava pensando (por meio de uma teoria da mente totalmente desenvolvida) e podiam usar a linguagem para sondar os pensamentos do outro e coordenar o comportamento em grandes escalas. Uma vez que os grupos humanos começaram a competir (e lutar) com outros grupos humanos, esse senso tribal de "nós" e "eles" gerou um novo conjunto de regras sobre o que o outro "deveria" fazer se quisesse continuar a ser um membro do "nós". É possível perceber como, junto com a linguagem, a intencionalidade coletiva geraria regras e leis formais que regem o comportamento dos indivíduos dentro de um grande grupo social.

Mas a linguagem e a teoria da mente não são os únicos ingredientes que ajudaram a criar o senso moral humano à medida que nossas sociedades cresciam. Os seres humanos, ao contrário dos animais, são capazes de refletir sobre a própria natureza e a origem dessas emoções normativas que brotam em sua mente e se perguntar não apenas de onde elas vêm, mas por que estão lá em primeiro lugar. Ouso dizer que a maioria dos humanos neste planeta discordaria da ideia de que as normas são adaptações evolutivas antigas compartilhadas por diversas espécies para ajudar a regular as interações sociais. A maioria sugere que as normas que geram nosso comportamento moral são colocadas em nossa mente por uma entidade sobrenatural de algum tipo. Ou talvez exista um código moral universal que faça parte do tecido da existência que apenas nossa espécie tem as ferramentas mentais para contemplar. Essas conclusões são afloramentos naturais da nossa natureza especializada em *por quê*. Combine essa linha de investigação com nossa sabedoria da morte e surge a pergunta "por que temos que morrer?", a qual está intimamente ligada à questão de como devemos nos comportar enquanto estamos vivos, caso isso afete o que acontecerá conosco na vida após a morte. A resposta mais comum a essas perguntas envolve uma explicação religiosa, como céu e inferno, samsara etc. Até mesmo explicações não sobrenaturais sobre as origens e o valor da moralidade e sobre como viver uma boa vida são produtos de nosso pensamento especializado em *por quê*. Há milênios, os filósofos elaboram sistemas morais formalizados para ajudar a guiar nosso comportamento. Todos eles são baseados na aplicação do pensamento sistematizado ao problema sobre quais comportamentos são bons ou ruins e por que devemos escolher uma ação em vez de outra.

A peculiaridade do comportamento moral humano reside em sua capacidade de ser formalizado, analisado, revisado e propagado em larga escala. Isso nos dá, em teoria, uma visão mais sofisticada do conceito de certo e errado em comparação com os animais, que estão presos a um conjunto finito de emoções que geram normas comportamentais (mas não regras ou leis explícitas) em uma escala muito menor. Você poderia argumentar que essas peculiaridades cognitivas humanas nos tornaram um animal moral avançado. Ou, como escreve Tomasello, resulta nos humanos como "o único ser moral". Mas acho que a maneira como os seres humanos se comportam em deferência ao pensamento moral resulta em um comportamento verdadeiramente insano (de uma perspectiva evolutiva) e pode, de fato, nos tornar *menos* morais do que outras espécies. Isto é, se definirmos *moral* como a capacidade de produzir comportamentos benéficos e minimizar a dor e o sofrimento. Para provar esse ponto de vista, tudo o que preciso fazer é ler as manchetes atuais no Canadá.

## Tornou-se necessário destruir a cidade para salvá-la

Sir John Alexander Macdonald, o primeiro primeiro-ministro do Canadá, acreditava que a cultura ocidental branca era superior a todas as outras e que a integração dos povos indígenas do Canadá na sociedade ocidental era uma causa nobre, se não um imperativo moral. Sob sua liderança, o governo canadense estabeleceu a Lei Indígena de 1876, que delineou a abordagem do governo para assimilar o povo das Primeiras Nações à cultura da Europa Ocidental, incluindo a proibição de cerimônias religiosas e culturais indígenas.

Mas o governo sentiu que precisava de um sistema mais proativo para garantir que a assimilação ocorresse rapidamente. Um lugar óbvio para começar seria a reeducação da juventude indígena. Com isso em mente, o sistema de escolas residenciais indígenas foi autorizado em 1883, com o objetivo de "separar as crianças aborígenes de suas famílias, a fim de minimizar e enfraquecer os laços familiares e culturais e doutrinar as crianças em uma nova cultura — a cultura da sociedade canadense euro-cristã legalmente dominante".[13] Sir John Alexander Macdonald declarou o seguinte sobre o estabelecimento das escolas residenciais ao falar à Câmara dos Comuns em 1883:

> Quando a escola fica na reserva, a criança vive com os pais, que são selvagens; ela está cercada por selvagens e, embora possa aprender a ler e escrever, seus hábitos, seu treinamento e modo de pensamento são indígenas. Ela é simplesmente uma selvagem que sabe ler e escrever. Tenho sofrido forte pressão,

> como chefe do Departamento, para que as crianças indígenas sejam retiradas, tanto quanto possível, da influência dos pais, e a única maneira de fazer isso seria colocá-las em escolas industriais de treinamento central, onde adquirirão os hábitos e os modos de pensamento dos homens brancos.

Os sistemas de escolas residenciais canadenses foram financiados pelo governo federal, mas administrados pelas igrejas católica, anglicana, metodista, presbiteriana e unida do Canadá. Em 1896, havia quarenta escolas em todo o Canadá. Em 1920, a frequência era obrigatória para todas as crianças indígenas dos 7 aos 16 anos. Há infinitas histórias de partir o coração de crianças de 4 ou 5 anos sendo tiradas à força de suas casas e levadas para escolas residenciais a milhares de quilômetros de distância. Isaac Daniels, um sobrevivente da escola residencial, explicou o que aconteceu com ele em 1945 em sua casa na Reserva James Smith, em Saskatchewan, quando um "agente indígena" (um representante do governo federal) veio para levá-lo para uma escola residencial:

> Eu não entendi uma palavra, porque eu falava cree. Cree era a língua principal em nossa família. Meu pai estava zangado. Eu o via apontando para aquele agente indígena. Então, naquela noite, quando nos preparávamos para ir para cama, era apenas uma cabana de um cômodo para toda a família, e eu ouvi meu pai conversando com minha mãe, e ele estava choroso, mas falava em cree agora. Ele disse que: "Ou meus filhos vão para a escola residencial ou eu

vou para a cadeia." Ele disse isso em cree. Então eu entendi. Na manhã seguinte, quando levantamos, eu disse: "Bem, eu vou para a escola residencial", porque eu não queria que meu pai fosse para a cadeia.

Nas escolas, os irmãos eram separados (para romper de vez os laços familiares) e proibidos de falar suas línguas nativas. As condições nas escolas eram deploráveis: vento encanado, frio, apertada, não havia saneamento e acesso a comida e água adequados. Doenças eram frequentes, assim como o abuso físico e sexual nas mãos dos líderes da igreja e funcionários da escola. Um relatório do governo afirmou que "a falha em desenvolver, implementar e monitorar uma disciplina eficaz enviou uma mensagem implícita de que não havia limites reais sobre o que poderia ser feito às crianças aborígenes dentro dos muros de uma escola residencial. Abriu-se desde logo a porta para um nível terrível de abuso físico e sexual de estudantes, que perdurou durante toda a existência do sistema."[14]

No ano letivo de 1956–57, as escolas residenciais tiveram um pico de 11.539 crianças matriculadas. Ao todo, 150 mil crianças frequentaram escolas residenciais no Canadá até que a última foi fechada, em 1996. Nos mais de cem anos de duração do sistema escolar residencial, pelo menos 3.200 crianças morreram. Muitas das mortes registradas foram causadas por tuberculose, mas a maioria (51%) não teve as causas específicas informadas. As taxas de morte e de doença nas escolas excederam em muito as médias nacionais da época. As crianças que morriam nas escolas raramente eram enviadas para suas famílias para serem enterradas. Em vez disso, eram enterradas em túmulos (muitas vezes não identificados) no terreno da escola.

Os horrores do sistema de escolas residenciais indígenas canadense foram expostos em um relatório de 2015 da Comissão de Verdade e Reconciliação (TRC, na sigla em inglês). A TRC foi estabelecida como parte de um acordo negociado após uma ação coletiva bem-sucedida contra o governo federal canadense movida por um grupo de mais de 70 mil sobreviventes de escolas residenciais. De acordo com o relatório da TRC, o governo canadense objetivou o genocídio cultural desde suas primeiras interações com os povos indígenas do Canadá. O relatório da TRC observa que "não era incomum que os diretores, em seus relatórios anuais, declarassem que um número específico de alunos havia morrido no ano anterior, mas sem sequer identificá-los." Quando as escolas finalmente fecharam, os corpos dessas crianças sem nome foram esquecidos. Após décadas de apelos das Primeiras Nações, só agora os locais estão sendo investigados, e os corpos (e os nomes) dessas crianças finalmente sendo recuperados.

Em 27 de maio de 2021, um especialista em radares de penetração no solo que trabalhava para a Primeira Nação Tk'emlúps te Secwépemc, em Kamloops, na Colúmbia Britânica, divulgou um relatório preliminar que revelou os restos mortais de 215 crianças encontradas no terreno da antiga Escola Residencial Indígena de Kamloops. Um mês depois, 751 sepulturas não identificadas foram encontradas no antigo local da Escola Residencial Indígena de Marieval, em Saskatchewan. No segundo semestre de 2021, os meios de comunicação canadenses começaram a revelar as atrocidades cometidas nessas escolas residenciais, e a nação está enfrentando a realidade de que o governo — trabalhando em contato próximo com diversas igrejas cristãs — é responsável por um genocídio cultural.

Essas atrocidades, em sua essência, são produtos do raciocínio moral. Sir John Alexander Macdonald via a escola residencial como um imperativo moral, a melhor solução para alinhar as crianças indígenas aos valores ocidentais modernos. As igrejas estavam operando sob um imperativo semelhante, embora derivado diretamente de suas interpretações bíblicas. No Novo Testamento, Jesus falou aos discípulos sobre o desejo de Deus de espalhar a notícia sobre seus ensinamentos. Em Mateus 28:19–20, Jesus disse: "Portanto, vão e façam discípulos de todas as nações, batizando-os em nome do Pai, do Filho e do Espírito Santo, ensinando-os a obedecer a tudo o que eu lhes ordenei." O trabalho missionário que começou no Canadá no século XVII e que continuou nas escolas residenciais até que fecharam em 1996 foi baseado nesses mandamentos divinos. Considere as palavras do reverendo Samuel Rose, diretor da escola residencial Mount Elgin, ao escrever sobre a necessidade de romper os laços que seus jovens alunos chippewa tinham com sua cultura:

> Esta escola é para fazer nascer uma geração que perpetuará os modos e os costumes de seus antepassados ou ao ser intelectual, moral e religiosamente elevada, assumirá sua posição entre as nações aprimoradas e inteligentes da Terra e seu papel no grande drama da construção do mundo; ou, por falta de qualificações necessárias para assumir seu lugar e desempenhar seu papel, será desprezada e expulsa do palco da ação, deixando de existir![15]

Esse é o raciocínio moral divino que justificou o genocídio cultural.

Todas as igrejas envolvidas nos programas de escolas residenciais no Canadá se desculparam por seu envolvimento nessa prática horrível. A Igreja Católica, que operava 70% das escolas residenciais, só emitiu um pedido de desculpas em abril de 2022, depois que os delegados das Primeiras Nações, dos inuítes e dos métis viajaram a Roma para pedir ao Papa Francisco que reconhecesse e pedisse desculpas pelo papel da Igreja no sistema de escolas residenciais do Canadá. Só podemos especular quanto às razões da hesitação em se desculpar, mas pode muito bem se resumir à possibilidade de que a Igreja não acreditasse que tivesse feito algo errado. Alguns líderes da igreja argumentam isso. Após a notícia da descoberta dos corpos de crianças no terreno da escola residencial em Kamloops, um padre católico em Mississauga, Ontário, lançou um vídeo no YouTube de seu sermão em que declarou: "Dois terços do país estão culpando a igreja, que amamos, pelas tragédias que ocorreram [em Kamloops]. Presumo que o mesmo número agradeceria à igreja pelo bem feito nessas escolas, mas é claro que essa pergunta nunca foi feita, e não temos permissão sequer de dizer que lá se fez o bem."[16]

Esse exemplo ressalta a realidade sombria da capacidade moral humana: nós, como espécie, conseguimos justificar — por motivos morais — o genocídio. Não apenas o genocídio cultural, mas o assassinato de populações e grupos étnicos inteiros, incluindo crianças. Durante o julgamento de criminosos de guerra nazistas, em Nuremberg, o líder das SS Otto Ohlendorf explicou calmamente por que sua supervisão no assassinato de milhares de crianças judias era justificada. "Creio que é muito simples explicar se partirmos do fato de que a ordem [do Führer] não apenas objetivava apenas a segurança, mas a segurança *perma-*

*nente*, para que as crianças não crescessem e, inevitavelmente, sendo filhos de pais que haviam sido mortos, constituíssem um perigo igual ao dos pais."[17] Em outras palavras, a fim de garantir a segurança das futuras gerações de alemães, as crianças judias tiveram que ser eliminadas, para que não crescessem ressentidas com os nazistas por assassinar seus pais. É uma posição moral lógica a tomar na medida em que foi uma tentativa de minimizar a dor e o sofrimento da sociedade em longo prazo, mas tão incrivelmente repugnante e terrível que ainda nos horrorizamos com a capacidade dos nazistas de justificar suas ações.

No momento em que as escolas residenciais canadenses foram criadas, muitos líderes políticos e religiosos acreditavam que eles — assim como os nazistas — eram uma força do bem; que, no final, o sofrimento e as mortes de crianças indígenas valeram a pena. Considere as palavras horripilantes sobre o valor dessas escolas, escritas por Duncan Campbell Scott, vice-superintendente geral de assuntos indígenas entre 1913 e 1932:

> É prontamente reconhecido que as crianças indígenas perdem sua resistência natural a doenças por coabitarem em tanta proximidade nessas escolas, e que morrem a uma taxa muito maior do que em suas aldeias. Mas isso por si só não justifica uma mudança na política deste departamento, que está atuando para a solução final do nosso problema indígena.[18]

Esse tipo de raciocínio moral só é possível com uma cognição como a dos humanos. Em contraste, o comportamento animal dentro do grupo social de determinada espécie — guiado pela normatividade — é tipicamente muito menos violento e destrutivo, conforme mostrarei na próxima seção. Embora existam exemplos de ocorrências de infanticídio em animais (como vemos em nossos primos grandes primatas ou em golfinhos) ou de violência dentro do grupo que leva à morte de indivíduos, os animais não têm a capacidade cognitiva de matar sistematicamente subgrupos inteiros de populações da mesma espécie em decorrência de uma reivindicação formal de autoridade moral.

## A sabedoria dos albatrozes gays

Além dos humanos, o melhor (ou pior?) exemplo de violência repugnante contra a mesma espécie é identificado em chimpanzés. Quando comparados com outros grandes primatas não humanos, os chimpanzés são notoriamente sanguinários. E digo isso no sentido literal. Grupos rivais de chimpanzés, ao defender seus territórios, se envolvem em batalhas nas quais podem se espancar até a morte. Mas eles também realizam incursões clandestinas em território inimigo, visando matar machos rivais. No livro *Demonic Males: Apes and the Origins of Human Violence* [sem publicação no Brasil], o primatólogo Richard W. Wrangham e o escritor científico Dale Peterson apontam que essas incursões são "marcadas por uma crueldade gratuita — arrancar pedaços de pele, por exemplo, torcer membros até quebrar e beber o sangue da vítima — lembrando atos que, entre os humanos, são considerados crimes hediondos em tempos de paz e atrocidades em tempos de guerra".[19]

A primatóloga Sarah Blaffer Hrdy descreve a natureza violenta dos chimpanzés nas páginas de abertura de seu livro de 2011, *Mothers and Others: The Evolutionary Origins of Mutual Understanding* [sem publicação no Brasil].[20] Ela aponta que os humanos são capazes de passar horas apinhados em um avião sem recorrer à violência, mesmo enfrentando passageiros rudes e bebês chorando. "E se eu estivesse viajando em um avião cheio de chimpanzés?", ela pergunta. "Qualquer um de nós teria sorte se desembarcasse com os dez dedos das mãos e dos pés ainda intactos, com um bebê ainda respirando e sem sofrer mutilações. Lóbulos de orelha e outras partes do corpo ensanguentados se espalhariam pelos corredores." Em outras palavras, os chimpanzés são extremamente violentos e, muitas vezes, assassinos; e infligem toda essa violência contra a própria espécie.

Mesmo esse comportamento não é nada em comparação com o tipo de violência exibido pelos humanos e justificada pelo raciocínio moral. Nunca se observou chimpanzés matando todos os indivíduos (machos e fêmeas, jovens e recém-nascidos) dentro de um grupo rival; a regra ou norma comportamental implícita dos chimpanzés em batalhas é remover apenas alguns indivíduos selecionados (geralmente os machos adultos), de modo que o grupo rival não represente uma ameaça. Talvez, se eles tivessem as capacidades cognitivas humanas que lhes permitissem formalizar suas normas morais, esses ataques seriam muito mais expansivos e destrutivos. Mas eles não têm. Em comparação, quando os humanos vão para a batalha, eles justificam a morte de cidades inteiras repletas de civis (incluindo crianças), se isso servir ao objetivo maior (moralmente defensável) de vencer a guerra e estabelecer a paz. Foi assim que acabamos com a famosa citação: "Tornou-se necessário destruir a cidade para salvá-la", falada por um major do Exército dos EUA ao justificar o bombardeio de Ben Tre durante a Guerra do Vietnã, apesar de haver crianças na cidade.[21] Como tantas decisões morais humanas, a decisão do Exército de matar civis surgiu de nossa capacidade única de raciocínio moral (ou seja, a capacidade de formalizar, analisar, revisar e propagar o comportamento normativo em larga escala), uma habilidade que os chimpanzés não têm, e a razão pela qual até nossos primos animais mais violentos ainda são menos violentos do que nós. Embora seja verdade que a capacidade humana de cooperação é o motivo pelo qual, como Sarah Blaffer Hrdy argumenta em *Mothers and Others* [sem publicação no Brasil], "os assassinatos cara a cara são muito mais difíceis de aceitar para os humanos do que para os chimpanzés" e por que, apesar de haver 1,6 bilhão de pessoas viajando de avião anualmente, "não há relatos de mutilação a bordo". Também é essa capacidade humana de cooperação que proporciona aos humanos (mas não aos chimpanzés) a capacidade de bombardear as crianças de Ben Tre e estabelecer escolas residenciais indígenas.[22]

Mas, para mostrar que os humanos, muitas vezes, acabam com normas comportamentais desnecessariamente violentas em decorrência de nossa complexa capacidade de raciocínio moral, não quero falar sobre guerra. Quero falar sobre homossexualidade. Na introdução ao livro *The Biology of Homosexuality* [sem publicação no Brasil], o biólogo Jacques Balthazart escreve que "a homossexualidade em humanos é, em grande parte, se não exclusivamente, determinada por fatores biológicos que atuam na fase pré-natal ou logo após o nascimento". Em outras palavras, a orientação sexual das pessoas é amplamente determinada no nascimento. Ele chega a essa conclusão por meio de um estudo do comportamento homossexual em animais, que apresenta uma montanha de evidências que mostram que a homossexualidade não só não é exclusiva dos humanos como é norma para a maioria das espécies animais. Isso não é novidade para os cientistas que estudam o comportamento animal e a biologia, e é por isso que Balthazart escreve: "Os cientistas que lerem este livro pensarão: 'Já ouvimos tudo isso antes...' Mas, de alguma forma, essa informação não chegou ao mundo fora do laboratório ou não foi apresentada em um assunto suficientemente definitivo para afetar a visão da população geral sobre o assunto."

Ele tem razão. Fico surpreso com o número de pessoas com as quais converso sobre comportamento animal que se chocam ao saber quão comum é o comportamento homossexual no reino animal. Muitas vezes, indico aos céticos da homossexualidade dos animais que leiam *Biological Exuberance* [sem publicação no Brasil], de Bruce Bagemihl — um livro de 1999 que detalha mais de trezentas espécies animais diferentes que se envolvem em uma variedade diversificada de comportamentos que se enquadram no guarda-chuva da homossexualidade. Os exemplos incluem sexo, laços afetivos, vínculo de casal e criação de prole entre indivíduos do mesmo sexo. Pode parecer estranho que a homossexualidade seja tão difundida, uma vez que a evolução se baseia na necessidade de os animais produzirem descendentes. Esse é um tópico abordado frequentemente por grupos antigay, na esperança de (equivocadamente) mostrar que o comportamento do mesmo sexo não é "natural". Mas a literatura sobre homossexualidade animal mostra que o comportamento sexual entre indivíduos do mesmo sexo não afeta negativamente as taxas reprodutivas de uma espécie, então não é um problema. Veja o exemplo do albatroz-de-laysan. Essa espécie de ave gigante forma vínculos de casal para toda a vida — em que dois indivíduos permanecem juntos, acasalando e criando seus descendentes ao longo de muitas décadas. Alguns desses vínculos são formados entre casais do mesmo sexo. Em um estudo de albatrozes-de-laysan que viviam em Oahu, um terço dos vínculos de casais formados eram entre fêmeas.[23] Em muitos desses casos, no entanto, uma ou ambas as fêmeas acasalariam com um macho em algum momento, resultando em ovos fertilizados que as fêmeas criariam juntas. Muitos dos casos de homossexualidade no reino animal funcionam assim, o comportamento homossexual é apenas parte do repertório comportamental típico de um indivíduo, e a reprodução ainda ocorre para garantir a sobrevivência da espécie. Os bonobos são talvez o melhor exemplo: os indivíduos praticam sexo com parceiros do mesmo sexo e do sexo oposto regularmente, o que resulta em muita prática homossexual, mas também muitos bebês.

A atração exclusiva por membros do mesmo sexo é mais rara, mas não inédita. Em ovelhas domésticas, estima-se que 10% dos carneiros (os machos) só estão interessados em acasalar com outros carneiros.[24] Pesquisadores que estudaram esse fenômeno descobriram que esses carneiros gays tinham diferenças em seu cérebro — um aglomerado mais espesso de neurônios em parte do hipotálamo — quando comparados aos héteros. A razão para essa diferença era a quantidade relativa de níveis de estrogênio a que o carneiro em desenvolvimento foi exposto antes do nascimento. Em outras palavras, como Balthazart argumenta em seu livro, esses carneiros nasceram gays. Sendo ainda mais claro, não há nada particularmente incomum ou controverso sobre a homossexualidade (inata) no reino animal.

Apesar da frequência com que surge, a atração entre indivíduos do mesmo sexo não ameaça a sobrevivência das centenas de espécies nas quais a homossexualidade tem sido observada. É por isso que nenhuma espécie animal parece ter desenvolvido quaisquer normas sociais em torno de punir indivíduos por se envolverem em atos homossexuais. Em outras palavras, embora a atração pelo mesmo sexo não seja exclusiva dos humanos, a homofobia é.

Claro, há muitas culturas passadas e presentes nas quais a homossexualidade é normalizada, aceita e até endossada. Ao longo da maior parte da história japonesa, por exemplo, as relações entre pessoas do mesmo sexo não eram estigmatizadas, e histórias de amor e sexo entre homens há muito são associadas à classe dos guerreiros samurais,[25] e seriam algo que Hashizume Aihei e seus companheiros samurais teriam achado totalmente incontroverso. Mas em muitas culturas modernas — especialmente na Europa Ocidental, no Oriente Médio e nas culturas africanas com raízes judaico-cristãs —, a homossexualidade não é apenas socialmente inaceitável ou controversa, como também é ilegal e punível com a morte. O Código Penal Islâmico do Irã — promulgado após a revolução islâmica de 1979 — declara o sexo gay entre homens um crime capital, com pena de execução. Uma pesquisa do Pew Research Center de 2013 descobriu que muitos países do Oriente Médio têm opiniões negativas sobre a homossexualidade, uma vez que 97% das pessoas na Jordânia, 95% no Egito e 80% no Líbano acreditam que a homossexualidade "deve ser repudiada".[26] Atualmente, mesmo nos países ocidentais ostensivamente tolerantes com pessoas LGBTQ+, o sentimento antigay é abundante, enraizado nos valores judaico-cristãos. A terapia de conversão — uma tentativa de mudar a orientação sexual indesejada e "não natural" das pessoas por meio de diversas formas de "terapia" — é frequentemente direcionada a menores e é legal na maioria dos estados dos EUA. Geralmente é administrada por terapeutas cristãos baseados na fé, embora, de acordo com um relatório de 2009 da Força-Tarefa da Associação Americana de Psicologia, "os resultados de pesquisas cientificamente válidas indiquem que é improvável que os indivíduos sejam capazes de reduzir a atração entre indivíduos do mesmo sexo ou aumentar a atração sexual pelo sexo oposto por meio de [terapia de conversão]".[27]

Essa rejeição moral à homossexualidade nem sempre tem origens religiosas. Os nazistas — notoriamente seculares — não aprovavam a homossexualidade (especialmente a masculina) pela simples razão de que ela se desviava da norma, e qualquer coisa anormal simplesmente não era adequada para fazer parte do Terceiro Reich. Posteriormente, mais de 100 mil homens gays foram presos e dezenas de milhares foram executados em campos de concentração.

A realidade é que, na história recente, milhões de humanos em todo o mundo sofreram violência ou morte por causa do sentimento antigay. As pessoas LGBTQ+ são quatro vezes mais propensas do que a população em geral a serem vítimas de crimes violentos, e isso apenas nos EUA, onde o comportamento homossexual não é mais criminalizado e corporações como a McDonald's orgulhosamente hasteiam bandeiras de arco-íris durante o Mês do Orgulho LGBTQ+.[28] Só nos resta especular sobre as taxas de violência em países como a Rússia (que não compila dados sobre ataques homofóbicos), onde uma pesquisa de 2018 descobriu que 63% dos russos acreditavam que os gays conspiravam para "destruir os valores espirituais criados pelos russos por meio da propaganda de relações sexuais não tradicionais"[29] e um em cada cinco russos acreditava que os gays deveriam ser "eliminados".[30] Tudo isso apesar do fato de a homossexualidade ser tão comum em humanos quanto em outras espécies. Cerca de 4% das pessoas nos EUA se identificam como lésbicas, gays, bissexuais ou transgêneros,[31] enquanto mais de 8% das pessoas relatam ter se envolvido em comportamento homossexual e 11% reconhecem pelo menos algum nível de atração pelo sexo oposto.[32] Esses números são iguais aos de ovelhas, mas significativamente *menores* do que a atividade homossexual encontrada em bonobos.

A conclusão aqui é que os seres humanos, por meio de nossa complexa capacidade de raciocínio moral, pegaram algo que não constitui um problema normativo para nenhuma outra espécie e o transformaram em uma questão para a qual podemos justificar marginalização, criminalização, execução e, até mesmo, genocídio. Considero esse um caso em que o sistema normativo animal é muito superior — isto é, menos violento e destrutivo — para lidar com a diferença do que quase todas as culturas humanas. A homossexualidade não é apenas normal no mundo animal, mas inteiramente não destrutiva. Talvez até benéfica para a manutenção das sociedades animais. Por que, então, somente os humanos são homofóbicos? É um mistério que só pode ser resolvido se entendermos como nossa capacidade de nos justificar com base no raciocínio moral pode nos levar a um beco sem saída. Um punhado de culturas e religiões se convenceu de que a homossexualidade é um problema moral, e milhões de nossos companheiros humanos devem sofrer por causa disso. Não só o sentimento antigay não tem equivalente no comportamento de qualquer outra espécie, como é capaz de criar barreiras para o sucesso da nossa espécie. Ele não só semeia a discórdia social, como leva ao sofrimento de uma grande faixa da população humana. Que benefício biológico foi proporcionado à nossa espécie por meio dessa postura moral bizarra em torno do "problema" — que não é um problema — da homossexualidade? Exatamente nenhum. É um testemunho triste da crueldade do raciocínio moral humano.

## Perdendo nossa autoridade moral

A história de nossa espécie é repleta de exemplos de justificativas morais de atos violentos que resultaram em dor, sofrimento e mortes de bilhões de nossos semelhantes que se enquadram na categoria de "outro". Podem ser os povos indígenas do Canadá, a comunidade LGBTQ+, os judeus, negros, deficientes, as mulheres etc. Em contraste, a maioria das normas animais existe para manter um equilíbrio social que minimize a necessidade de dor, sofrimento e morte. Se operarmos com base no princípio básico de que a dor, o sofrimento e a morte são, em geral, uma coisa ruim, então parece que os animais têm a noção correta (e superioridade moral) na maioria das vezes. Mas isso significa que a moralidade humana é "ruim" no sentido evolutivo? Será que nossa capacidade de raciocínio moral — nossa filosofia, nossas religiões e nossas estruturas jurídicas — representa o que deu à nossa espécie a vantagem nos últimos milênios? Aquilo que nos ajudou a organizar nossas sociedades e a nos espalhar por todo o mundo em grandes civilizações?

Não acho que a responsável pelo nosso sucesso como espécie foi nossa capacidade moral *propriamente dita*, mas os outros componentes da mente humana que nos proporcionaram a capacidade de coordenar esforços, como a linguagem e a teoria da mente. Nossa especialização em *por que* se encarregou do trabalho pesado quando se tratava de adivinhar a natureza do universo físico e do mundo biológico, dando-nos o know-how tecnológico que levou ao êxito de nossa espécie. A moralidade humana, em contraste, não foi necessária para nada disso. Conforme venho argumentando, acredito que estaríamos melhor sem a capacidade de transformar as normas primatas ancestrais em regras morais absurdas e destrutivas que nos levam a construir escolas residenciais e a elaborar leis anti-LGBTQ. Mas esses aspectos são inextricáveis. Não podemos ter as habilidades cognitivas positivas sem as consequências negativas delas. O raciocínio moral humano era inevitável. Mas isso não significa, necessariamente, que ele seja *bom* em temos evolutivos. O raciocínio moral humano pode ser uma falha no processo, e não uma característica — uma exaptação evolutiva que surgiu quando nossas capacidades cognitivas únicas se desenvolveram, mas que não é, por si só, uma característica pretendida pela seleção natural. Atualmente, os humanos podem ter sucesso como espécie não por causa, mas apesar de nossa aptidão moral. Levamos o sistema normativo universal que governa e restringe o comportamento social para a maioria dos animais a extremos bizarros. Os animais, com seus sistemas normativos menos sofisticados, são os que vivem a boa vida.

CAPÍTULO 5

# O Mistério da Abelha Feliz

*É hora de falar sobre a palavra com "c"*

O que me importa o ronronar de quem é incapaz de amar, como o gato?

— **NIETZSCHE**[1]

Com o outono se aproximando e as temperaturas diárias começando a cair, minhas abelhas estão dando início a seus últimos preparativos para o inverno. Eu crio abelhas há três anos e já me acostumei com o drama do final de estação. A temporada de coleta de néctar está quase no fim, e agora elas estão ocupadas desidratando o restante do mel para armazenamento durante os meses de inverno. Essa será sua única fonte de alimento até que os dentes-de-leão comecem a florescer novamente, em março. Para evitar o risco de morrer de fome e garantir que haja mel suficiente para todas, elas começam a reduzir o tamanho de sua população. A colônia precisa apenas de um número de abelhas suficiente — talvez 40 mil — para se manter aquecida, mas não muito grande a ponto de consumir suas reservas de alimento antes da primavera. Isso significa que setembro é a hora de se livrar dos parasitas. Em outras palavras, dos zangões.

Os zangões são abelhas machos cujo único propósito é acasalar com novas rainhas de outras colônias. Eles são maiores e mais gordos do que as abelhas operárias, com olhos grandes esbugalhados que os ajudam a detectar outros zangões e rainhas virgens. Eles não têm ferrões, por isso não podem defender a colmeia. Na verdade, não fazem nada além de acasalar. Eles não limpam a colmeia, não fabricam favos de mel nem cuidam das larvas. A língua deles é curta, por isso eles são incapazes de coletar néctar das flores. Eles têm dificuldade inclusive em lamber o mel dos favos, então as operárias precisam colocar comida diretamente em suas bocas. Assim, durante o inverno, os zangões têm alto custo de manutenção e baixo valor. É por isso que, quando setembro chega, as operárias reúnem todos os zangões, os arrastam para a entrada da colmeia e os empurram para fora. Se tentarem voltar, são atacados ou mortos. Como eles não são capazes de se alimentar sozinhos, não demorará muito para morrerem de fome ou congelarem até a morte. Nessa época do ano, as frentes das minhas colmeias ficam cobertas de zangões banidos e desnorteados.

É uma situação trágica — mas absolutamente natural —, e não posso evitar sentir pena desses pobres carinhas. Ultimamente, comecei a coletar os infelizes zangões e colocá-los em uma pequena caixa de papelão em meu terraço. Coloco um pouco de mel, para que eles possam tentar se alimentar uma última vez antes de sua morte inevitável. Quero lhes proporcionar um último momento de felicidade.

Semana passada, mostrei minha coleção de zangões para minha amiga Andrea, que sempre se diverte com minhas aventuras com animais. "Isso parece muito trabalho sem motivo", disse ela. "Você não está tornando-os 'mais felizes' de verdade. Eles não têm consciência disso. Não apreciam todo esse esforço."

"Não tenho certeza se concordo com isso", respondi. "Por curiosidade, quais animais você acredita que têm consciência? Clover tem consciência?" Clover é o novo border collie de Andrea — um filhote barulhento que observava atentamente as galinhas em meu cercado.

"Sim, acho que sim", respondeu Andrea.

"E aquelas galinhas?"

"Hummm. Galinhas. Não tenho certeza. Acho que não. Se tiverem, têm muito menos consciência do que Clover. Mas essas abelhas não. Elas não são autoconscientes. Os insetos só agem por instinto."

"Ficaria surpresa se eu lhe dissesse que muitos cientistas e filósofos argumentariam que esses pequenos zangões são, de fato, conscientes?", perguntei.

"O quê? Isso é absurdo. Como diabos eles podem afirmar isso?"

É uma boa pergunta.

Então o que é consciência?

A consciência sempre foi considerada uma das características que distingue os seres humanos de outros animais. Algo que nós temos e eles, não. Ou, segundo Andrea, talvez algo que tenhamos mais do que outros animais. Mas não é esse o caso. Conforme veremos, os seres humanos têm uma relação única com a consciência, que desempenha um papel vital na compreensão da natureza da inteligência humana (e seu valor). Mas a consciência certamente não é exclusividade nossa.

A consciência é simplesmente qualquer forma de experiência subjetiva. Sabe aquela sensação frustrante de precisar fazer xixi após ter acabado de se acomodar na cama para dormir? É uma experiência consciente. Assim também é a preocupação que você sente por saber que não estudou o suficiente para a prova de matemática. Ou aquele sentimento de tristeza agridoce de ler a última página de um livro que arrebatou sua imaginação. Ou, até mesmo, o som das ondas batendo no casco de um barco, o tom amarelo de uma banana ou o sabor de café velho. Consciência é o que acontece quando o cérebro gera uma sensação, um sentimento, uma percepção ou um pensamento de qualquer tipo do qual você esteja ciente.

Para entender a tensão em torno da questão de se os animais têm consciência, primeiro precisamos nos aprofundar no sentido das palavras que compõem sua definição: *subjetiva* e *experiência*. Vamos começar pelo conceito de subjetivo.

Se algo é *subjetivo*, significa que está sendo compreendido ou vivenciado por alguém com base na perspectiva desse indivíduo. Em seu icônico ensaio "Como É Ser um Morcego?" [em tradução livre], o filósofo Thomas Nagel argumentou que a experiência subjetiva do mundo conforme sentida por um indivíduo (humano ou animal) não é algo que possa ser observado ou explicado em termos objetivos.[2] Simplesmente não há como entrar na cabeça de outra criatura e medir suas experiências. Isso é o que os filósofos chamam de *problema de outras mentes*, o fato inevitável de que a experiência subjetiva de outras mentes sempre permanecerá escondida dentro de uma caixa preta.

A palavra *experiência* refere-se às sensações reais que se manifestam na mente quando surge uma emoção ou um pensamento. Por exemplo, se você comer uma tigela de cereais, isso gera uma inundação de sensações físicas e emocionais que são experienciadas pela mente. Essas *propriedades da experiência consciente* são o que os filósofos chamam de *qualia*.³ Você pode descrever seus qualia usando palavras como *açucarado*, *crocante* ou *nojento* para transmitir a outras pessoas as sensações que você tem ao comer o cereal. Talvez se eu comesse a mesma tigela de cereal, eu poderia usar as mesmas palavras para descrever meus qualia. Mas isso não significa que estamos descrevendo os mesmos fenômenos conscientes. É possível que as sensações que borbulham em sua mente ao comer o cereal sejam — se *pudessem* ser medidas objetivamente — totalmente diferentes das minhas. Mas os qualia são sempre experiências particulares e não podem ser medidas objetivamente, então não há como saber.

No entanto, costumamos ser bastante confiantes de que a maioria dos seres humanos compartilha experiências semelhantes do mundo ao nosso redor porque a descrição de nossos qualia tendem a ser semelhantes. Isso me possibilita prever com bastante confiança que você prefere comer uma tigela de cereais a uma tigela de cabelo humano. Mesmo que meus qualia para comer cabelo sejam ligeiramente diferentes dos seus, há uma alta probabilidade de que a maioria dos humanos sinta nojo ao tentar engolir um monte de cabelo. No entanto, meus níveis de confiança começam a diminuir ao lidar com espécies diferentes. Os besouros de carpete, por exemplo, adorariam devorar uma tigela cheia de cabelo humano, e provavelmente evitariam os cereais. Então, minhas experiências subjetivas de comer cabelo não me dizem nada sobre os qualia de comer cabelo de um besouro de carpete.

O principal obstáculo na tentativa de adivinhar qual é a sensação de qualia de animais não humanos (ou se eles têm qualia) é que não podemos perguntar a eles sobre suas experiências. Como aprendemos anteriormente, os animais podem se comunicar sobre seus estados emocionais (como raiva ou medo) por meio de sinais, como mostrar os dentes ou rosnar, mas não têm a capacidade linguística de descrever como sentem subjetivamente essas emoções. Assim, confiamos em analogias — não na linguagem — para fazer suposições sobre como são os qualia dos animais. Se uma chimpanzé está embalando o corpo de seu bebê morto, podemos supor que ela possa estar experimentando algo análogo à dor humana. Afinal, os humanos estão intimamente relacionados aos chimpanzés, e esse comportamento de luto se assemelha muito ao nosso. Mas esse tipo de analogia fracassa à medida que os animais nos quais pensamos estão mais distantes de nós na árvore filogenética. Por exemplo, qual qualia humano pode ser análogo ao que um polvo experimenta quando coloca um tentáculo em um caranguejo e o "prova" usando os receptores quimiotácteis em suas ventosas?[4] Como os braços do polvo operam de maneira autônoma, essa informação possivelmente permanece em seu tentáculo para processamento e pode nunca chegar ao cérebro central. Nosso corpo e nossa mente interagem de maneira muito diferente, portanto não temos um análogo real para comparação.

Apesar da impossibilidade de medir a experiência subjetiva e da inadequação das analogias centradas no ser humano, muitos cientistas e filósofos estão bastante confiantes de que os animais pelo menos *têm* experiências subjetivas. Nagel argumentou que ser um morcego envolve *alguma forma* de experiência consciente e acredito não ser exagero dizer que muitos — se não a maioria — dos pesquisadores e filósofos de cognição animal concordariam com isso. É por isso que, em 2012, um grupo deles assinou um documento intitulado Declaração de Cambridge sobre Consciência Animal, que afirma o seguinte: "Evidências convergentes indicam que animais não humanos têm os substratos neuroanatômicos, neuroquímicos e neurofisiológicos dos estados conscientes, junto com a capacidade de exibir comportamentos intencionais. Consequentemente, o peso das evidências indica que os seres humanos não são únicos a apresentar substratos neurológicos que geram consciência. Animais não humanos, incluindo todos os mamíferos e as aves, e muitas outras criaturas, incluindo polvos, também apresentam esses substratos neurológicos."[5]

Como eles podem argumentar isso se a experiência subjetiva é, por definição, individual e inacessível em animais? Como eles podem *saber*?

O argumento para a consciência animal é baseado em duas linhas de evidência: cérebro e comportamento. O argumento do cérebro é relativamente simples. Sabemos que os seres humanos têm experiência subjetiva (ou seja, consciência). Não sabemos exatamente *como* o cérebro gera consciência, mas, a menos que você seja adepto da visão de que a consciência é algo que acontece fora do cérebro, então o cérebro (ou talvez o sistema nervoso em geral) tem que ser a fonte. O cérebro de animais e de humanos são feitos da mesma matéria e, no caso dos mamíferos, o tecido cerebral parece estar dividido no crânio de maneira semelhante. Como as estruturas cerebrais que suspeitamos estarem envolvidas na experiência subjetiva de algo como o medo em humanos também são encontradas em áreas correspondentes do cérebro da maioria dos vertebrados (por exemplo, o córtex insular), é razoável supor que eles também experimentam o medo subjetivamente.

Essa é uma enorme simplificação, é claro, mas é o ponto central do argumento. Na realidade, os cientistas desconfiam, mas não sabem ao certo, quais são as estruturas no cérebro humano responsáveis pela experiência consciente de emoções como o medo. E só porque os cérebros são estruturados da mesma maneira, não significa, necessariamente, que funcionarão de forma idêntica. Uma ressonância magnética do meu cérebro e da minha esposa sugeriria que eles são quase indistinguíveis estruturalmente e, no entanto, nunca serei capaz de aprender gramática irlandesa antiga ou cantar como ela. Um cérebro de chimpanzé e o cérebro do famoso chef Gordon Ramsay também são quase idênticos quando comparados ao cérebro de um besouro de carpete e, ainda assim, os chimpanzés nunca serão capazes de cozinhar um bife Wellington como Gordon. Estruturas cerebrais análogas por si só não são evidência de que outros animais apresentam experiências subjetivas ou capacidades cognitivas análogas. Por isso, é preciso combinar estruturas cerebrais com a evidência comportamental de animais agindo de maneira consciente.

Existem dois tipos de evidência comportamental. A primeira é a mais divertida, uma vez que envolve ficar bêbado. O efeito da ingestão de álcool nas funções mentais humanas é bastante estudado. O álcool pode levar à supressão de nossas inibições, à falta de coordenação motora e — se exagerar — à perda de consciência. Mas toleramos esses efeitos menos desejáveis porque o consumo de álcool libera dopamina, que gera uma sensação de euforia no cérebro. Em outras palavras, bebemos porque é agradável. Elefantes, ao que parece, comportam-se da mesma maneira.

Em um estudo científico do início da década de 1980 — quando dar álcool a elefantes em nome da ciência parecia algo aceitável de se fazer —, os pesquisadores ofereceram a um grupo de elefantes cativos em um parque de safári na Califórnia baldes de água com concentrações variadas de etanol: 0%, 7%, 10%, 14%, 25% e 50%.[6] Os elefantes ficaram livres para beber do balde que quisessem. Dentre todas as opções (incluindo água pura), eles preferiam a solução de álcool a 7%. Após beber o álcool, os elefantes se comportaram de maneira muito semelhante a humanos bêbados; alguns ficaram de pé, cambaleantes, e com os olhos fechados. Outros se deitaram. A maioria enrolou a tromba no próprio corpo — algo que os elefantes fazem quando estão se sentindo doentes. Alguns dos elefantes mais agressivos se tornaram ainda mais beligerantes (algo familiar para qualquer um que já testemunhou uma briga de bar). Ao que parece, *in vino veritas*, que significa "no vinho está a verdade", aplica-se tanto a humanos quanto a elefantes. Esse experimento (eticamente questionável) mostra que os elefantes pareciam procurar álcool em concentrações que os deixariam bêbados — mas não bêbados demais —, para experimentar a sensação de euforia com a qual estamos todos bastante familiarizados. Esse comportamento de buscar o álcool só faz sentido se duas coisas forem verdadeiras: 1) o álcool afeta o cérebro dos elefantes, assim como o cérebro humano; e 2) assim como os humanos, os elefantes experimentam sentimentos subjetivos de euforia ao beber.

O segundo tipo de evidência comportamental envolve o que a Declaração de Cambridge sobre Consciência Animal descreve como "a capacidade de exibir comportamentos intencionais". Conforme vimos no Capítulo 2, um comportamento intencional é aquele em que um animal tem um objetivo em mente e monitora ativamente a situação para determinar se esse objetivo foi alcançado. Essa definição pressupõe a consciência subjetiva de um objetivo; ter algo "em mente" significa estar consciente de suas intenções. Em outras palavras, qualquer animal que aparente intenção de fazer algo pode ser entendido como uma exibição de evidência comportamental de consciência.

Considere o caso de Bruce. Ele é um kea, uma espécie de papagaio nativa da Nova Zelândia e famosa por sua curiosidade e capacidade de resolução de problemas. Em 2013, Bruce foi resgatado da natureza após ter perdido a metade superior do bico. Um bico não funcional é um grande problema para um kea — ou qualquer pássaro, na verdade. Torna a alimentação um desafio, mas também dificulta um comportamento chamado *preening* — em que um pássaro raspa as penas entre as duas metades de seu bico para remover sujeira e parasitas. Apesar de sua deficiência, Bruce desenvolveu uma solução que resultou em um dos melhores argumentos para a presença de comportamento intencional em qualquer espécie animal.[7]

Quando chega a hora de limpar as penas, Bruce procura uma pequena pedra em seu recinto. Ela precisa ser do tamanho certo para caber confortavelmente entre o bico inferior e a língua. Então, ele desliza as penas entre a pedra e a língua, resultando em penas perfeitamente limpas. Amalia Bastos e seus colaboradores da Universidade de Auckland apresentaram um primoroso estudo de caso que apontou que o fato de Bruce utilizar pedras para fazer o preening é uma evidência clara de comportamento intencional. Para começar, em 93,75% dos casos em que Bruce pegou uma pedra, ele a usou para limpar e alinhar suas penas. "O comportamento de Bruce de pegar as pedras foi quase sempre seguido de preening, sugerindo que ele as pegou com a intenção de usá-las como uma ferramenta para limpar e alinhar as asas", argumentou Bastos. Em 95,42% dos casos em que Bruce deixou a pedra cair durante o preening, ele pegou novamente a mesma pedra, ou outra semelhante, para continuar a limpeza. Tanto sua capacidade de identificar a ferramenta certa quanto a persistência em realizar a tarefa sugerem que Bruce simplesmente não tropeçou aleatoriamente na solução para seu problema. Ele tinha que ter a intenção de limpar suas penas e criar uma solução que não fizesse parte do repertório comportamental normal de um kea. "Os keas não exibem regularmente o uso de ferramentas na natureza", disse Bastos ao *Guardian*, "então ter um uso individual de ferramentas inovadoras em resposta a uma deficiência mostra grande flexibilidade de inteligência. Eles são capazes de se adaptarem e de resolverem novos problemas de maneira flexível à medida que eles surgem."[8]

Esse é, em minha opinião, um caso sólido de comportamento intencional em um animal. Quando você combina a evidência de Bruce com o fato de que os papagaios são conhecidos por se embebedarem de propósito (existe uma árvore na Austrália conhecida como árvore do papagaio bêbado com bagas fermentadas que atraem o lóri-de-pescoço-vermelho), e o fato de que os cientistas encontraram "homologias anatômicas substanciais e similaridades funcionais com mamíferos nos sistemas talamocorticais associados à consciência"[9] em pássaros como papagaios, constrói um caso em que os papagaios preenchem todos os critérios para ter consciência, conforme estabelecido pela Declaração de Cambridge sobre Consciência Animal.

É fácil perceber como essa linha de raciocínio se aplicaria a outras espécies que observamos se envolvendo em comportamentos inovadores, flexíveis ou intencionais, como golfinhos, elefantes e corvos. Ou espécies cujo cérebro é estruturado de maneira semelhante aos humanos, como os grandes primatas. Mas e as abelhas? É realmente verdade, como eu disse a Andrea, que os cientistas acreditam que os insetos têm as estruturas cerebrais necessárias para sustentar a consciência? Que eles exibem comportamentos intencionais como Bruce? Os insetos se embebedam? A resposta a essas perguntas é: sim, sim, e você pode apostar.

## Cérebro de abelha

Para ajudar em meu caso, preciso apresentá-lo a Lars Chittka. Especialista em cognição de abelhas, Chittka é ecologista comportamental da Universidade Queen Mary de Londres e talvez o mais proeminente defensor da inteligência de insetos da atualidade. Ele publicou extensivamente sobre a ideia de que o cérebro de insetos — apesar de seu tamanho — tem tudo o que precisa para gerar cognição complexa, incluindo experiência subjetiva. O argumento básico a favor da posição de que "não é preciso grandes cérebros para ter consciência" é que, quando se trata de gerar complexidade, não é o número de neurônios que importa, mas a maneira como eles se conectam. O cérebro das abelhas tem apenas 1 milhão de neurônios, em comparação com os 85 bilhões dos humanos. Mas esse 1 milhão de neurônios pode criar até um bilhão de sinapses (conexões com outros neurônios) no cérebro das abelhas, o que é mais do que suficiente para criar uma rede neural gigantesca com uma enorme capacidade de processamento.[10] "Em cérebros maiores, muitas vezes não encontramos mais complexidade, apenas uma repetição interminável dos mesmos circuitos neurais", argumenta Chittka. "Isso pode adicionar detalhes a imagens ou aos sons lembrados, mas não acrescenta qualquer nível de complexidade. Cérebros maiores podem, em muitos casos, ser discos rígidos maiores, não necessariamente processadores melhores."[11]

E a estrutura cerebral? Podemos afirmar que há algo de especial no cérebro humano (ou em outros animais com cérebro grande) em termos de *como* se conecta para gerar consciência? Não é assim, argumenta Chittka. "O tão procurado correlato neural da consciência (CNC) não foi identificado em humanos; portanto, não se pode argumentar que certos animais não tenham CNC igual ao dos humanos." Em outras palavras, por não compreendermos de que modo a consciência emerge da maneira que os neurônios se conectam e disparam, não temos base para assumir que o cérebro de insetos não apresenta as estruturas necessárias.

Embora a ciência não tenha encontrado evidências definitivas para a estrutura neuronal exata (ou combinação de estruturas) que geram experiência subjetiva, sabemos que o cérebro de insetos tem estruturas cerebrais que *suspeitamos* estarem correlacionadas à consciência dos animais. Para os insetos, existe uma estrutura chamada *complexo central* que gera processos cognitivos que associamos à consciência. É um lugar no cérebro dos insetos que integra informações dos sentidos, o que, por sua vez, os ajudam a navegar em seu ambiente, criando um modelo mental de si mesmos e do mundo ao seu redor. De acordo com o filósofo Colin Klein e o neurobiólogo Andrew Barron, como os mamíferos apresentam estruturas análogas em seu mesencéfalo que parecem fazer essas mesmas coisas, e porque essas estruturas e as capacidades cognitivas geralmente são entendidas como envolvidas na consciência para os seres humanos, há "fortes evidências de que o cérebro dos insetos tem a capacidade de proporcionar experiência subjetiva".[12] Em resumo, embora não possamos dizer com certeza que os insetos têm as partes cerebrais necessárias para gerar consciência, há um argumento perfeitamente plausível de que eles têm.

Mas e o comportamento dos insetos? Seu cérebro minúsculo está gerando comportamentos complexos que sugerem consciência? Parece que sim. Considere este famoso experimento conduzido em mamangavas-de-cauda-branca (uma espécie de abelha, que aqui chamaremos simplesmente de abelhas) por Chittka e sua equipe. Para testar a capacidade de aprendizagem complexa, as abelhas receberam uma tarefa de recompensa alimentar diferente de algo que pudessem encontrar na natureza. Uma minúscula bola de plástico foi colocada em um prato que tinha um alvo desenhado no centro. Se as abelhas conseguissem agarrar e arrastar a bola até o alvo, receberiam uma recompensa de água com açúcar. O comportamento de forrageamento das mamangavas-de-cauda-branca na natureza não requer uma habilidade desse tipo, mas elas foram capazes de executar a tarefa. Um feito notável por si só, porém não tão notável quanto o que aconteceu em seguida. Em um experimento de acompanhamento, três bolas foram colocadas a distâncias diferentes do centro do prato.[13] As duas bolas mais próximas do centro estavam coladas, então, para completar a tarefa, a abelha aprendeu que precisava mover a que estava mais distante. Enquanto isso, uma abelha observadora, que não estava familiarizada com o experimento, assistia de fora da área de teste enquanto as abelhas "demonstradoras" resolviam a tarefa. Quando a abelha observadora foi autorizada a entrar na área de teste pela primeira vez, ela fez algo que revelou que realmente entendia a natureza da tarefa em questão. Dessa vez, as bolas não estavam mais coladas. Em vez de simplesmente copiar o que viu a outra abelha fazer (ou seja, agarrar a bola mais distante), ela foi até a bola mais próxima e a arrastou até o alvo. Ela não estava apenas imitando o comportamento da outra abelha por meio da aprendizagem associativa. Ela sabia que uma bola tinha que ir até o alvo e que fazia mais sentido pegar a bola mais próxima. Isso indica que ela havia pensado no problema e planejado uma estratégia melhor. Chittka argumentou que isso demonstra que as abelhas têm "uma compreensão básica do resultado das próprias ações e das de outras abelhas: isto é, fenômenos semelhantes à consciência ou à intencionalidade".[14] Se for esse o caso, então essa é uma evidência de que as abelhas preenchem o critério de comportamento intencional, conforme descrito na Declaração de Cambridge sobre Consciência Animal.

E, por último, há evidências de que os insetos procuram substâncias que alteram a mente. Considere este estudo incomum, mas primoroso, da neurocientista Galit Shohat-Ophir.[15] Sua equipe criou moscas-das-frutas com cérebros que liberariam um neuropeptídeo específico — a corazonina — sempre que fossem expostas a uma luz vermelha. A corazonina geralmente é liberada no cérebro sempre que uma mosca-das-frutas macho ejacula, portanto acender uma luz vermelha deveria induzir um estado afetivo (emocional) semelhante a um orgasmo. Sem surpresa, os pesquisadores descobriram que essas moscas alteradas claramente preferiam passar tempo nas áreas do recinto iluminadas pela luz vermelha. Como parte do experimento, um grupo de moscas-das-frutas machos foi exposto a grandes quantidades de luz vermelha ao longo de alguns dias, enquanto outro grupo não recebeu a luz vermelha indutora de orgasmo. Quando dada a escolha de dois alimentos para consumir, as moscas que tinham sido privadas da luz vermelha — e, portanto, não experienciaram orgasmos por três dias seguidos — comeram mais do alimento contendo etanol. Em outras palavras, elas se embebedaram. Enquanto isso, as moscas que estavam desfrutando de um fluxo constante de prazer induzido pela luz vermelha não se interessaram, de fato, pela comida com álcool. O fato de as moscas-das-frutas privadas de orgasmo optarem por drogas que alteram a mente — presumivelmente em busca de uma onda de endorfina — sugere que elas tinham alguma consciência dos próprios níveis de felicidade diminuídos e intencionalmente buscaram o álcool para se sentirem melhor. Como Lars Chittka afirmou em resposta a esse estudo: "Por que um organismo procuraria substâncias que alteram a mente quando não há uma mente para alterar?"[16]

Todas essas evidências apontam para a possibilidade muito real de que a experiência subjetiva — a consciência — é algo presente nos insetos. Se assim for, a consciência é uma característica que deve ter evoluído muito cedo em nossa história evolutiva, a partir de um ancestral antigo comum de humanos e moscas — provavelmente um invertebrado oceânico que viveu há 500 milhões de anos.[17] O que significa, pela minha definição, que a maioria dos animais vivos hoje provavelmente tem consciência. Se for esse o caso, então por que normalmente as pessoas acham tão absurdo que os insetos (ou as galinhas) possam ter consciência? Que, como me disse Andrea, eles apenas agem movidos por instinto, como pequenos robôs pré-programados? Há um longo histórico de se pensar nos animais dessa maneira, remontando ao filósofo do século XVII, René Descartes, que rotulava os animais não humanos de *bête machine*: bestas-máquinas. Em outras palavras, Andrea está em boa companhia. E eu me atrevo a dizer que muitos colegas que estudam cognição animal ainda estão céticos sobre a alegação de que os insetos têm experiência subjetiva, embora eu seja do time de Chittka.

A razão para o ceticismo é bastante simples. Quando a maioria das pessoas usa a palavra *consciência*, elas não estão falando apenas de experiência subjetiva. Isso inclui outros traços cognitivos, como autoconsciência. Andrea havia dito que era loucura presumir que meus zangões tinham consciência, especificamente porque ela achava impossível que eles fossem autoconscientes. Mas autoconsciência e consciência não são sinônimos. As pessoas também incluem capacidades cognitivas como previsão episódica, ou mesmo teoria da mente quando pensam sobre a consciência. Na verdade, há uma tonelada de traços cognitivos que misturamos com a consciência. Explicarei mais sobre essas diferenças mais adiante neste capítulo, o que nos ajudará a desenvolver uma compreensão mais matizada do valor atribuído à consciência humana. Mas, antes disso, precisamos entender um pouco mais sobre como a consciência funciona em conjunto com todos esses outros processos para gerar a mente humana e a animal em primeiro lugar.

## O cérebro improvisador

Existem muitos modelos para descrever a natureza da consciência no que se refere à cognição e à neurobiologia, mas não é um assunto fácil de entender. Descobri que a melhor maneira de dar sentido a algo tão complexo é relacioná-lo a algo que já conheço. Neste caso, a improvisação. Improvisação — ou teatro de improviso — é uma forma de teatro não roteirizado, gerado espontaneamente por um grupo de improvisadores no palco. Além de ser uma maneira fantástica de fazer a criatividade fluir e compartilhar algumas gargalhadas com os amigos, também é a metáfora perfeita de como a mente funciona.

Pense na mente como um teatro que está apresentando um show de improviso.[18] Há um palco com uma iluminação suave, exceto por um holofote. No palco, estão cerca de uma dúzia de improvisadores, todos ansiosos pela chance de ser o centro das atenções. Nessa metáfora, os holofotes são equivalentes à experiência subjetiva (ou seja, a consciência). O que quer que o improvisador esteja fazendo sob esse holofote é transformado em qualia que o restante da mente experimenta. Esses qualia inundam os outros improvisadores no palco, a plateia e todos que trabalham nos bastidores: o pessoal na cabine de som, o diretor, os contrarregras na coxia etc. Todos estão assistindo ao que acontece sob os holofotes. Assim, os conteúdos da experiência consciente são transmitidos através da mente e disponibilizados a um grande número de processos cognitivos para análise.

Nessa metáfora, as pessoas no palco são tudo aquilo de que você *poderia* estar consciente. Isso inclui informações sensoriais daquilo que você vê, ouve ou toca. Mas também estados motivacionais internos, como fome, ou estados emocionais, como medo. As pessoas fora do palco são todos os processos *subconscientes* que nunca produzem qualia por conta própria, mas que são, no entanto, vitais para o desempenho da improvisação (ou seja, a operação da mente). Talvez os contrarregras sejam como a memória muscular: sua capacidade de, por exemplo, andar de bicicleta. Uma vez aprendido, andar de bicicleta é algo que uma parte inconsciente do cérebro faz automaticamente. Se um contrarregra faz seu trabalho corretamente, ele nunca é notado, opera no nível do subconsciente. Ainda assim, sem um contrarregra, o show de improviso não poderia existir.

O teatro da sua mente é povoado, principalmente, por componentes inconscientes que nunca ficarão sob esse holofote.

Como a parte da mente que controla os batimentos cardíacos e seu sistema digestório, ou os vieses e as heurísticas inconscientes que nossa mente usa para tomar decisões rápidas. Em seu livro *Rápido e Devagar: Duas Formas de Pensar,* Daniel Kahneman descreveu esses elementos como o modo de pensamento do Sistema 1: decisões instantâneas e automáticas tomadas por processos cognitivos subconscientes que operam nos bastidores.

E o mais importante, você não pode ter um show de improviso sem alguém no centro das atenções. O pensamento do Sistema 1 não pode fazer um show sozinho. A razão pela qual a mente (incluindo a dos animais) tem esse foco — a razão de ela ter consciência — é ajudar um animal a tomar decisões diárias que exigem um pouco de deliberação. Os holofotes estão lá para dizer ao restante da mente quem é a estrela do show naquele momento, e todos contribuem para ajudar o improvisador a fazer o show acontecer. Em outras palavras, a consciência existe para ajudar a mente a tomar decisões e gerar comportamento.

Assim como em um palco de improvisação real, os improvisadores que acabam atraindo os holofotes são aqueles que fazem algo novo ou inesperado, ou que exigem atenção fazendo muito barulho. Ao ser o foco da atenção, o improvisador mais barulhento consegue recrutar vários sistemas cognitivos — incluindo os inconscientes que estão assistindo ao show de improvisação — para ajudar a resolver um problema ou decidir o que fazer em seguida.

Eis um exemplo. Digamos que você esteja sentado no sofá lendo um livro. Esse comportamento ativa vários sistemas cognitivos, incluindo suas capacidades de compreensão e linguística, que são, em grande parte, inconscientes. Os holofotes estão focados nas imagens visuais imaginadas evocadas pelas palavras na página, gerando os qualia que o restante da mente desfruta naquele momento. De repente, um novo improvisador salta sob os holofotes: a fome. O teatro da mente agora está focado nos gritos do palco dos qualia da fome. Esse improvisador da fome causa uma cascata de ação em um grande número de sistemas cognitivos na mente. Algum sistema subconsciente responsável pela ação motora começa a fechar o livro — agora é hora de procurar um lanche. Talvez você tenha um desejo repentino por um Snickers — talvez uma resposta inconsciente a um anúncio de Snickers que viu na noite passada na TV. Isso é o equivalente a alguém na plateia gritar "Snickers!" como uma dica para o improvisador. Então, um contrarregra sussurra para o artista que se lembra de ter visto um Snickers na cozinha. Esse contrarregra representa seu sistema de memória inconsciente. Agora, por um segundo, outro improvisador aparece nos holofotes: a previsão episódica. Ele subiu ao palco para fornecer reforços para ajudar a cena a se desenrolar. A previsão episódica gera a experiência consciente de você vasculhando o armário de guloseimas, onde o contrarregra disse que havia um Snickers. Essa combinação de sistemas cognitivos — tanto no palco quanto fora dele — agora leva à decisão de ir até a cozinha para procurar o Snickers.

Sempre que um animal deve tomar uma decisão em que são necessários um pouco de pensamento e deliberação, o foco da experiência subjetiva precisa fazer uma aparição, para que os qualia possam ser gerados. Os qualia são a moeda de ação. Ou, como escreveu a filósofa Susanne Langer: "Sentir é fazer algo".[19] Essa é a razão por meio da qual os animais desenvolveram a experiência subjetiva, em primeiro lugar, e por que faz mais sentido pensar na consciência como uma parte vital da mente de qualquer animal.

## Não existe mais consciência

Espero que você ainda esteja lendo, Andrea, porque agora é o momento em que posso revelar a razão pela qual a consciência humana parece tão diferente da dos animais. O modelo de improvisação expôs algo importante. A consciência humana *é*, de fato, especial por esta razão: nós, como espécie, temos um número muito maior de processos cognitivos que são potencialmente capazes de assumir o centro das atenções da consciência e gerar qualia. Não temos mais consciência, só estamos conscientes de mais coisas. Essa é uma diferença importante, então vou dar um exemplo da minha vida para ilustrar esse ponto.

Alguns anos atrás, minha amiga Monica estava explicando o conceito de afantasia, uma rara condição neurológica. Trata-se da incapacidade de algumas pessoas (aproximadamente 1% da população) de visualizar imagens com os "olhos da mente". "Quando as pessoas com afantasia fecham os olhos, elas veem apenas a escuridão, não são capazes de evocar a imagem de, digamos, uma maçã", explicou ela.

"Isso é triste. Então, espere um minuto, se você fechar os olhos, não consegue pensar em uma maçã?", perguntei.

"Não. Não é isso. Eu posso pensar em uma maçã, só não consigo visualizá-la como se fosse uma fotografia, como pessoas normais conseguem."

"Certo", falei. "Mas, é claro, ninguém consegue realmente ver uma imagem mental de uma maçã como se fosse uma fotografia. Isso é loucura!"

"A maioria das pessoas consegue."

"Isso é impossível. Quero dizer, quando fecho os olhos, sei que estou pensando em como uma maçã se parece. Mas não vejo uma maçã."

"Hmm, Justin? Acho que você pode ter afantasia também."

Perguntei à minha esposa se, quando ela fecha os olhos e tenta imaginar uma maçã, ela realmente "vê" a foto de uma maçã. Ela disse que sim. Todos os outros a quem perguntei confirmaram que conseguem ver imagens fotográficas de maçãs em sua mente, com vários níveis de detalhes e intensidade. Eu não vejo nada. Monica estava certa. Acontece que eu também tenho afantasia.

Ao contrário de um ser humano neurotípico, minha mente consciente é incapaz de gerar imagens imaginadas para ajudá-la a descobrir, por exemplo, onde está localizada a manteiga de amendoim no supermercado. A questão é, eu sei a localização da manteiga de amendoim na loja e posso descrever, por meio de palavras, onde ela está. Posso "sentir" sua localização de alguma forma. Mas simplesmente não consigo "ver" o layout da loja em minha mente. Falta-me uma capacidade de imaginação visual consciente. Quando leio um livro de ficção científica, não consigo conjurar imagens das estações espaciais que estão sendo descritas. Não consigo fechar os olhos e ver o rosto da minha filha. No entanto, garanto que não sou menos consciente do que os outros seres humanos. Minha experiência de consciência funciona como um teatro de improviso, assim como a sua. Eu só tenho um improvisador a menos esperando para subir ao palco sob os holofotes.

## Os atores no palco humano

Quando pensamos sobre a consciência animal, o que realmente queremos saber não é se eles têm (pois, de fato, têm), ou quanto de consciência eles têm (a mesma quantidade que nós), mas, sim, que processos cognitivos cada espécie é capaz de enviar para o palco da improvisação. Quando digo que os humanos estão conscientes de mais coisas, o que isso significa exatamente? Significa que a mente humana evoluiu para nos permitir estar conscientemente conscientes de um grande número de processos cognitivos que são exclusivos de nossa espécie, ou de elementos que, para a maioria dos animais, só acontecem no nível subconsciente. Para entender o que quero dizer, primeiro vamos considerar os tipos de elementos que a maioria dos animais teria disponível para esse foco de experiência subjetiva: emoções e sentimentos.

A palavra *emoção* vem da palavra latina *emovere*, que significa mover para fora ou agitar. Esse fato etimológico nos ajuda a entender que as emoções são estados de ativação no cérebro cujo objetivo é *agitar* um animal para que *ele se mova* e faça coisas que garantam sua sobrevivência.[20] O neurobiólogo Jaak Panksepp cunhou o termo *neurociência afetiva* para descrever o estudo da neurologia subjacente que gera estados emocionais na mente animal (e humana) e identificou sete classes de emoções que provavelmente encontraremos na maioria dos mamíferos: *busca/expectativa, impulso sexual, cuidado, alegria da brincadeira, raiva, medo* e *pânico/tristeza*.[21] Muito do comportamento animal pode ser explicado pela maneira como esses sete sistemas afetivos interagem com a mente para nos motivar a fazer coisas que nos ajudam a viver por tempo suficiente para gerar nossa prole. A busca nos faz querer encontrar comida e abrigo. O impulso sexual nos faz querer acasalar. O cuidado nos ajuda a criar filhos ou a ajudar nossos parceiros sociais. A alegria da brincadeira nos ajuda a preservar as relações sociais, ao mesmo tempo em que aprimora nossas habilidades físicas. A raiva nos faz defender a nós mesmos, nossos recursos alimentares e nossas casas contra agressores. O medo nos diz o que evitar ou do que se defender. E o pânico/tristeza nos dá uma razão para procurar parceiros sociais em primeiro lugar.

Muitas dessas emoções provavelmente existem em formas semelhantes na mente de espécies não mamíferas também. E muitas dessas emoções subconscientes provavelmente serão traduzidas em experiências conscientes, para que os animais estejam mais bem equipados para tomar decisões. Quando as emoções subconscientes entram no palco da improvisação e se tornam o centro das atenções da consciência subjetiva para uso na tomada de decisões, os cientistas, por vezes, lhes dão um novo nome: *sentimentos*. Em seu livro *O Último Abraço da Matriarca*, Frans de Waal explica de modo elegante que os sentimentos "acontecem quando as emoções vêm à tona para que nos tornemos conscientes delas".[22]

Os seres humanos, no entanto, são únicos: temos muito mais emoções que se traduzem em sentimentos conscientes. Como aquele sentimento de justiça que vimos no estudo de macacos, que provavelmente existe nos primatas, mas talvez não nas abelhas. Ou como a nostalgia, que depende de nossa capacidade única de viajar mentalmente no tempo. Ou a culpa, que depende da maneira única como nos relacionamos com os outros por meio da teoria da mente. Infelizmente, por causa do *problema de outras mentes*, é notoriamente difícil dizer, apenas ao observar o comportamento animal, se ele está experimentando sentimentos complexos ou básicos. Por exemplo, no primeiro dia de aula do meu curso Mentes dos Animais, mostro aos alunos um vídeo no YouTube do cão Denver.[23] Enquanto seu dono estava fora de casa, Denver comeu um saco de petiscos de gato.

Ao filmar a reação do cachorro, o dono pergunta a Denver se foi ele quem comeu os petiscos. O cão evita o contato visual. Murcha as orelhas, aperta os olhos e lambe o focinho — parecendo estar sentindo culpa por ter comido os petiscos do gato. Quando pergunto aos alunos o que está acontecendo na mente de Denver naquele momento, todos chegam à conclusão de que o cão se sente culpado. Em seguida, passo a mostrar pesquisas sobre como é a linguagem corporal de submissão em cães e como o comportamento de Denver pode ser exibido por qualquer cão ao ser confrontado pelo dono, independentemente de terem feito algo errado. Isso não quer dizer que um cão não poderia estar consciente de violar algum tipo de norma que leva à culpa. Mas os comportamentos exibidos por Denver ocorrem sempre que um cão está tentando evitar o confronto com outro cão ou com um ser humano. Em outras palavras, é mais provável que seja a expressão comportamental de um dos estados afetivos mais básicos de Panksepp: o *medo*.

Além das emoções, o cérebro dos animais gera sensações homeostáticas, como fome ou sede. Considerando quão vitais elas são para nos incitar à ação, é provável que também sejam experimentadas subjetivamente pelos animais. Então, é claro, há os efeitos sensoriais, incluindo dor, temperatura, pressão ou qualquer coisa que nossos órgãos sensoriais (olhos, ouvidos, pele, língua etc.) enviem para o cérebro. Todos esses sinais sensoriais básicos são usados pelas partes não conscientes da mente para gerar um comportamento automático, ao estilo do Sistema 1 (por exemplo, afastar a mão ao tocar uma assadeira quente). Mas os sinais sensoriais, muitas vezes, também chegam até a atenção consciente. Eles nos ajudam a planejar nosso comportamento mais complexo, como usar uma luva térmica antes de pegar uma assadeira quente novamente. Panksepp argumentou que o cérebro de todos os mamíferos (e talvez de algumas outras espécies, de acordo com a Declaração de Cambridge sobre Consciência Animal) tem regiões subcorticais capazes de produzir esses estados afetivos emocionais, homeostáticos e sensoriais.

A beleza dos sistemas afetivos de animais não humanos é que cada espécie terá um mosaico de sensações disponíveis que são únicas para seus sistemas sensoriais, fisiológicos ou sociais. Os golfinhos, por exemplo, podem direcionar informações perceptuais bizarras para a mente consciente por meio de sua capacidade de ecolocalização. Ao enviar sons de clique pela água, os golfinhos conseguem criar imagens acústicas, detalhando o modo, a densidade e o movimento dos objetos em seu ambiente. A ecolocalização pode, inclusive, penetrar em algumas substâncias, permitindo que eles "vejam" peixes enterrados na areia usando o som. Os golfinhos também ouvem os sinais de ecolocalização de outros golfinhos nadando ao seu redor. Isso dá a eles a capacidade de saber — em um nível que está além da compreensão humana — exatamente o que seus amigos estão percebendo. Seria parecido a eu conseguir visualizar uma imagem mental do que você estava vendo em seu smartphone apenas ao me sentar ao seu lado no sofá com os olhos fechados. Esse é um processo cognitivo e consciente totalmente estranho para um ser humano, mas que desempenha um papel importante no modo como os golfinhos vivem. O reino animal é repleto de processos cognitivos, afetivos e sensoriais para os quais não há algo análogo nos seres humanos. Isso não torna essas espécies animais "mais conscientes" do que nós. Apenas fornece ao palco da improvisação de cada espécie um conjunto diferente de improvisadores para trabalhar.

O que nos leva aos humanos. Além de ter algumas emoções/sentimentos complexos que outros animais podem não ter, os seres humanos são únicos por causa do grande número de elementos disponíveis para a mente consciente, bem como a complexidade desses elementos. Vamos começar com a ideia de autoconsciência.

Não existe um conceito singular de autoconsciência. Esse termo engloba muitas "consciências", que diferentes espécies dispõem de maneiras distintas. Existem três categorias principais: autoconsciência temporal, autoconsciência corporal e autoconsciência social.[24] É importante ressaltar que um animal pode dispor de um desses tipos de autoconsciência sem que esteja disponível para a consciência. Pode parecer estranho, mas é assim que funciona.

Por exemplo, a autoconsciência temporal é a capacidade da mente de entender que ela continuará a existir no futuro (próximo). Praticamente toda mente deve dispor dessa capacidade. Caso contrário, os animais nunca seriam capazes de ter objetivos ou intenções. Bruce, o papagaio, por exemplo, pretendia limpar e alinhar suas penas com a ajuda de uma pedra. A única maneira possível da mente coordenar esse comportamento é se ela estivesse ciente de que ele continuaria a existir no futuro. Mas isso não significa que a autoconsciência temporal de Bruce ocupou o palco da improvisação de sua mente, recebendo os holofotes da consciência. Para os humanos, sabemos o que acontece quando estamos conscientes de nossa autoconsciência temporal: podemos nos engajar em viagens mentais no tempo e em previsões episódicas. Quando a autoconsciência temporal está no palco, podemos pegar esse sentimento de "minha mente existe e continuará a existir" e transmiti-lo a todos os outros sistemas cognitivos. Fazer isso nos permite imaginar a mente existindo no passado, no futuro e, em algum momento, não existindo mais (ou seja, sabedoria da morte). Mas como não parece que Bruce (ou muitos outros animais) consiga se imaginar em circunstâncias semelhantes, só podemos supor que a autoconsciência temporal nunca ocupa o palco da mente dele. No entanto, ele ainda é capaz de se envolver em um comportamento direcionado a objetivos, porque sua autoconsciência temporal fornece a estrutura inconsciente sobre a qual sua mente repousa.

O mesmo vale para a autoconsciência corporal. Essa é a consciência do próprio corpo como algo que existe no mundo e é separado de outras coisas e que pode ser controlado pela mente. O fato de qualquer animal parecer ser capaz de mover o corpo através do espaço e interagir com objetos sugere que a autoconsciência corporal é um tipo muito básico de capacidade cognitiva. Um dos experimentos clássicos de autoconsciência em animais é o teste de autorreconhecimento no espelho (MSR, na sigla em inglês). Envolve colocar uma marca no corpo ou na cabeça de um animal sem que ele perceba e, em seguida, dar-lhes acesso a um espelho. Se eles usarem o espelho para inspecionar a marca estranha em seu corpo, podemos supor que eles sabem que são eles mesmos que aparecem no espelho e, portanto, são "autoconscientes". Muitas espécies "passam" nesse teste, incluindo chimpanzés, golfinhos, elefantes etc. Mas o que o teste pode realmente revelar é o fato de que, para algumas espécies, a autoconsciência corporal está disponível para a consciência. Para aquelas espécies que falham no teste MSR, como cães ou gatos, seria ridículo sugerir que eles não estão cientes de seu corpo. A mente deles está ocupada controlando esse corpo o dia todo, então deve haver algum conceito de autoconsciência corporal escondido lá. Mas é totalmente possível que cães e gatos não sejam capazes de considerar *conscientemente* a natureza de seu corpo, assim como um chimpanzé, e é por isso que cães e gatos ficam confusos diante de espelhos.

Por fim, temos autoconsciência social. Essa é a capacidade de estar consciente do relacionamento com os outros em seu mundo social quando se trata de status social, a força ou a natureza de seus relacionamentos. Isso nos dá a capacidade de nos enxergar da maneira que os outros poderiam nos ver, permitindo que a teoria da mente forme raízes. Também nos dá a capacidade de mentir (e contar lorotas), bem como de fazer previsões sobre como os outros se comportam com base no que pensamos que os outros sabem ou acreditam. E, por sua vez, isso nos dá a capacidade de analisar nosso comportamento em relação ao dos outros, o que ajuda a transformar as normas em padrões morais. Conforme vimos, muitos animais têm autoconsciência social. Por exemplo, é ela a responsável pela formação da ordem hierárquica de minhas galinhas. Mas é improvável que minhas galinhas estejam — ou precisem estar — conscientes de seu eu social. A sociedade das galinhas funciona perfeitamente bem sendo regulada por normas inconscientes sem que elas precisem remoer conscientemente sobre seu status dentro do bando. Mas o remoer consciente do eu social para os seres humanos leva ao tipo de complexidade social incrível que vemos na cultura humana, bem como complexos sistemas morais, éticos e legais que somos capazes de elaborar (seja lá o que isso signifique).

Ao perguntar sobre inteligência animal, muitas vezes imaginamos até que ponto outras espécies conseguiriam levar esses três tipos de consciência para o palco da consciência. É uma pergunta interessante, já que ter a capacidade de pensar em si mesmo (individualmente ou como parte de um grupo) aumenta muito a capacidade de gerar comportamentos complexos. Os seres humanos podem muito bem ser únicos em decorrência de sua capacidade de ter todas as três formas de autoconsciência disponíveis para análise consciente.

Adicione a isso à capacidade de estar consciente do próprio pensamento/cognição. Isso é chamado de *metacognição*. Para entender esse conceito, vou dar meu exemplo favorito. Pesquisadores do Centro de Pesquisas de Golfinhos na Flórida treinaram um golfinho chamado Natua para pressionar uma alavanca ao ouvir um tom de alta frequência (2.100 Hz) e uma alavanca diferente ao ouvir um tom de baixa frequência (abaixo de 2.100 Hz). Natua receberia um peixe como recompensa por pressionar a alavanca ou uma longa pausa por pressionar a alavanca errada. Uma pausa significaria que o experimento seria interrompido e, portanto, Natua não teria a chance de receber um peixe como recompensa. Foi uma tarefa bastante simples para Natua, até que a frequência do tom alto estivesse tão próxima da do tom baixo que ele não conseguia mais distinguir entre os dois. Nesse momento, ele começou a pressionar aleatoriamente as alavancas. Não foi divertido para Natua, já que uma resposta errada significaria nenhum peixe por um tempo.

Para ver se Natua estava ciente de sua incerteza quando os tons se tornaram difíceis de distinguir, uma terceira alavanca foi introduzida: a alavanca da salvação. Se Natua pressionasse essa alavanca, ele teria que esperar um pouco até que um novo tom fácil de discernir fosse apresentado e ele pudesse tentar novamente. Essa era a melhor opção nos casos em que ele não tinha certeza se o tom era baixo ou alto e em que um erro significaria uma longa espera.

Quando apresentado com um tom baixo que era difícil de distinguir do tom alto, Natua reagiu exatamente como você esperaria de um animal que estava tendo dificuldade em descobrir a resposta. Ele se aproximava lentamente das alavancas e movia a cabeça de um lado para o outro — claramente hesitante — antes de, em algum momento, pressionar a alavanca da salvação. A melhor explicação para esse comportamento era que Natua sabia (via metacognição) que ela não tinha a resposta certa e estava consciente da dificuldade em resolver o problema. Em outras palavras, os processos de pensamento de Natua estavam no palco sob os holofotes da consciência, permitindo que ele pensasse sobre seu pensamento.

A metacognição proporciona a um animal a capacidade de estar ciente de que não sabe algo. Pensar no próprio conhecimento. Estar ciente da própria ignorância impulsiona a busca por mais conhecimento, a fim de auxiliar no processo de tomada de decisão. Há apenas alguns estudos (e muita controvérsia) sugerindo que algumas espécies animais têm metacognição nesses termos, incluindo pesquisas com macacos, golfinhos, primatas, cães e ratos. Se a metacognição existe em animais (como certamente parece existir para Natua), ela pode não ser particularmente difundida. Em contraste, essa capacidade é a base do pensamento humano. Claramente temos consciência de nossa metacognição, o que nos inspira a identificar lacunas e problemas em nosso pensamento e buscar soluções usando todas as outras capacidades cognitivas à nossa disposição. Usamos matemática e linguagem para organizar conscientemente os pensamentos e, graças à nossa capacidade de inferência causal e de previsão episódica, conseguimos imaginar soluções infinitas para os problemas que enfrentamos.

A explicação para a capacidade dos humanos em realizar atividades complexas que gostamos de rotular como "inteligentes" está, de fato, relacionada à nossa capacidade de consciência. Mas apenas no sentido de que temos uma série de processos cognitivos em nossa mente sobre os quais podemos treinar nosso foco de experiência subjetiva, permitindo-nos coordenar esses processos cognitivos de maneira mais eficiente para resolver problemas complexos. Todos os animais têm vidas ricas em qualia, independentemente da complexidade ou do número de processos cognitivos que têm à sua disposição para subir no palco da improvisação e receber os holofotes da experiência consciente e subjetiva.

Então estou convencido, minha querida amiga Andrea, de que eu estava verdadeiramente fazendo a vida daqueles zangões condenados um pouco mais feliz. Suspeito que a pequena mente deles estava consciente do prazer de comer mel uma última vez antes de morrerem. No entanto, não há dúvida de que a mente humana está consciente de muito mais coisas do que a daqueles zangões. É certo que há algo diferente sobre o conteúdo de nossa consciência, como vimos. A questão é: e daí? Tudo o que realizamos como espécie por causa dessas habilidades cognitivas — e da consciência subjetiva delas — é 1) um sinal de que nossa espécie é bem-sucedida, e 2) uma coisa boa para o planeta? Essas são as grandes questões que abordaremos a seguir.

CAPÍTULO 6

# Miopia Prognóstica

*Nossa obtusa visão do futuro*

A imprensa, a máquina, a ferrovia, o telégrafo são premissas cuja conclusão milenar ninguém ainda ousou tirar.

— **NIETZSCHE**[1]

Capability Brown era o paisagista mais famoso da Inglaterra. E também foi um pouquinho responsável pela extinção iminente da espécie humana.

Nascido em 1715, Lancelot Brown foi apelidado de "Capability" — uma palavra que usava com frequência ao explicar aos aristocratas ingleses que suas propriedades tinham "grande capacidade de melhoria".[2] Ele preferia uma aparência natural para seus jardins, substituindo as sebes bem podadas, os caminhos de pedra e as grandes fontes típicas dos solenes jardins franceses do século XVII por vistas grandiosas sobre lagos, arvoredos majestosos e gramados amplos. Ele aprimorou os jardins de 170 propriedades britânicas, incluindo o Castelo de Highclere, famoso por ser um dos cenários do drama histórico *Downton Abbey*. A abertura da série retrata um homem e seu cão caminhando sobre um gramado perfeitamente aparado — originalmente projetado por Capability —, com o castelo se aproximando ao fundo. O legado perigoso do paisagista é moldado precisamente por esse tipo de gramado.

Notavelmente, George Washington e Thomas Jefferson eram grandes fãs de seu trabalho. Tanto a propriedade Monticello, de Jefferson, quanto a propriedade Mount Vernon, de Washington, foram inspiradas no estilo de Capability e estão entre os jardins mais famosos dos Estados Unidos. Elas foram retratadas em inúmeros cartões postais, exibidos para visitas em conversas nas mesas de cozinha de milhões de lares norte-americanos no início do século XIX. Essas propriedades icônicas tinham gramados amplos nos quais, se os cartões postais retratavam a verdade, pessoas endinheiradas e sofisticadas passeavam com guarda-sóis e jogavam badminton. Os gramados faziam parte de um crescente ethos estético, sugerindo que a experiência norte-americana renderia prosperidade — e muito tempo livre para bater em petecas — para aqueles que desejassem trabalhar duro e ser alguém na vida. Era um sonho que se aplicava a todos, exceto, é claro, às pessoas escravizadas, que eram obrigadas a aparar e a conservar os gramados, o tipo de paradoxo que o país enfrenta até hoje.

No início do século XIX, o norte-americano médio não tinha tempo, dinheiro ou mão de obra escrava necessária para cultivar um gramado. Só os ultrarricos podiam bancar tais luxos. No entanto, com a invenção do cortador de grama, em 1830, por Edwin Beard Budding, os gramados ficaram muito mais acessíveis. Ao longo do século seguinte, eles se tornaram símbolos de prosperidade individual — e nacional. Como o carro se tornou o meio de transporte dominante nos EUA, o jardim da frente passou a ser uma oportunidade para mostrar o sucesso de alguém, encantando os motoristas que passavam pelas ruas suburbanas. Um gramado aparado, protegido por uma cerca branca, logo se tornou — e permanece até hoje — o símbolo máximo da cultura norte-americana.

Os norte-americanos *adoram* seus gramados. Atualmente, existem 163.812km² de gramados domésticos nos Estados Unidos.[3] Isso equivale ao tamanho do estado da Flórida. Vinte por cento da área dos estados de Massachusetts, Rhode Island, Delaware e Connecticut é coberta por gramados.[4] Impressionantes 75% dos 116 milhões de lares nos EUA têm algum tipo de gramado.[5] Deixando de lado todas as outras maneiras pelas quais nossa espécie transformou o solo neste planeta, nossa obsessão em construir gramados alterou a paisagem de maneiras que não há equivalentes no reino animal. O caso mais próximo é a vasta rede de antigos cupinzeiros no Nordeste do Brasil. Esses enormes montículos (geralmente de mais de 2m de altura) ocupam uma área de 230 mil km² e podem ser vistos do espaço.[6] Eles são construídos a uma distância de cerca de 20m um do outro, e há 200 milhões deles. Os cupins começaram a construí-los há quase 4 mil anos. Eles se formaram lentamente, quando os cupins descartaram na superfície a terra indesejada da rede de túneis escavados para seu deslocamento e habitação. Eles são, basicamente, lixões majestosos. Mas, ao contrário dos gramados humanos, esses montículos causam um impacto positivo no meio ambiente, formando a camada inferior da caatinga brasileira: uma floresta desértica repleta de biodiversidade e lar de 187 espécies de abelhas, 516 aves e 148 mamíferos, sem mencionar mais de mil espécies de plantas.[7]

Ao longo da minha vida, acredito que eu tenha passado milhares de horas cortando grama por razões pessoais ou profissionais. E, francamente, eu me sinto enganado por Capability Brown e pelos Pais Fundadores. Os gramados são um deserto de monocultura, quase inteiramente inúteis como um habitat para a vida selvagem. Eles não nos fornecem nenhum alimento, mas exigem um enorme investimento de tempo, dinheiro e recursos. São uma declaração de amor ao *consumo conspícuo*, um termo cunhado pelo economista Thorstein Veblen em seu livro *A Teoria da Classe do Lazer* e definido como "a compra de bens ou serviços com o propósito específico de exibir a riqueza de alguém".[8] Os gramados também são uma grande afronta ao movimento ambiental. Os norte-americanos usam 34 bilhões de litros de água por dia apenas em gramados — aproximadamente um terço de todo o consumo doméstico.[9] Cerca de metade dessa água é desperdiçada, nunca alcançando as raízes devido à evaporação, ao vento e ao escoamento. Acrescente 4,5 bilhões de litros de gasolina usados em cortadores de grama a cada ano, o que é ainda pior para o meio ambiente do que parece. Como os motores de cortador de grama não são nem de longe tão eficientes quanto, digamos, os motores dos carros, eles acabam consumindo mais gasolina e emitindo mais $CO_2$. Em outras palavras, usar um cortador movido a gasolina por uma hora equivale a dirigir 160km em um carro.[10] A Agência de Proteção Ambiental estima que a manutenção dos gramados é responsável por 4% do total anual de emissões de $CO_2$ nos EUA.[11] É uma enorme quantidade de dióxido de carbono despejado na atmosfera a cada ano em busca de — bem, do que exatamente?

Claro, não é culpa de Capability, certo? Ele não poderia prever as consequências de seus empreendimentos de horticultura. No entanto, consideremos uma hipótese. Se um atual viajante do tempo voltasse ao século XVIII, encontrasse Capability e explicasse como sua ideia evoluiria para uma obsessão cultural que contribuiria para as mudanças climáticas e ameaçaria a existência da espécie humana, ele a abandonaria? Duvido. Os seres humanos têm uma incrível capacidade de justificar suas ações, ainda que existam evidências de que haverá consequências negativas no futuro. Mesmo o viajante do tempo mais carismático e persuasivo teria dificuldade em convencer Capability a desistir do trabalho de sua vida. Considere o seguinte: agora conhecemos os perigos da queima de combustíveis fósseis e, ainda assim, nossa obsessão por gramados continua. Ameaças de uma Terra pós-apocalíptica não nos impedirão de conservar nossos gramados, mesmo que entendamos os riscos associados a esse hábito insensato, mas generalizado.

Esse tipo de dissonância cognitiva é o que chamo de *miopia prognóstica* — a capacidade humana de pensar e alterar o futuro, aliada à incapacidade de se importar muito com o que acontece no futuro. Ela é causada pela habilidade humana de tomar decisões complexas, que resultam em consequências de longo prazo, valendo-se de nossas capacidades cognitivas únicas. Porém, como nossa mente evoluiu principalmente para lidar com resultados imediatos, e não futuros, raramente experimentamos ou mesmo entendemos as consequências dessas decisões de longo prazo. É a falha mais perigosa no pensamento humano. Tão perigosa que pode levar à extinção da nossa espécie. É por isso que dedicarei um capítulo inteiro para explicar o que é miopia prognóstica, como ela surgiu, como afeta nosso cotidiano e por que é uma ameaça de extinção para a humanidade.

## O que é miopia prognóstica?

Assim como todos os animais, os seres humanos vivem em um mundo onde devem tomar decisões cotidianas que satisfaçam suas necessidades diárias: comida, abrigo, sexo etc. Esse tipo de tomada de decisão imediata é tão antigo quanto a própria vida e é fundamental para a biologia. Mas a capacidade humana de raciocínio causal, previsão episódica, deliberação consciente etc. nos possibilita estabelecer soluções para esses problemas diários com consequências futuras em uma escala sem precedentes na história deste planeta. Podemos inventar soluções que dependem de tecnologia e engenharia "cuja conclusão milenar ninguém ainda ousou tirar", como escreveu Nietzsche. Assim como todos os animais, nossa biologia nos obriga a lidar com o aqui e agora, mas, ao contrário de outros animais, nossas decisões podem gerar tecnologias que terão impactos prejudiciais para as gerações futuras. Essa desconexão está no cerne da miopia prognóstica.

Eis um exemplo. Digamos que você queira comer algo. Há dez mil anos, você poderia caminhar por alguns metros na floresta, enfiar a mão em um tronco e arrancar um punhado de cupins saborosos. Pronto. Problema resolvido. Alimento adquirido. Hoje em dia, você pode caminhar alguns metros até a cozinha e pegar uma banana. Mesmo problema (fome), mesma solução (comida).

A diferença entre os dois casos é que, hoje, a disponibilidade da banana é moldada inteiramente por processos tecnológicos feitos pelo homem, os quais adicionaram uma complexidade inimaginável ao simples ato de comer alguma coisa. E esses processos geram consequências de longo prazo que não consideramos. O que quero dizer com esses processos desenvolvidos pelo homem?

Assim como eu, muitas pessoas vivem em uma parte do mundo onde as bananas não crescem naturalmente. A maioria das bananas — as vendidas por empresas como Dole, Del Monte, Chiquita etc. — é cultivada em plantações na América do Sul. Ou seja, essas bananas precisarão ser transportadas para o porto sul-americano mais próximo, carregadas em um avião ou um barco, enviadas para o outro lado do mundo, processadas internamente, distribuídas em supermercados e, então, uma vez que foram compradas, colocadas em uma fruteira. Se o supermercado tiver políticas de embalagem absurdas, talvez seja necessário tirar a banana de um saco plástico. Então, o consumidor se maravilhará com sua cor e forma, dois fatores projetados por um coquetel de fertilizantes e pesticidas utilizado no cultivo. Obviamente, existe uma imensa pegada de carbono associada ao transporte de bananas em todo o mundo e ao seu acondicionamento em sacos feitos de produtos do petróleo. Sem mencionar os impactos ambientais da monocultura baseada em pesticidas e fertilizantes em terras (geralmente florestas tropicais antigas) que foram desmatadas para satisfazer nosso desejo por bananas. A questão é que, no século XXI, nosso anseio por comida é idêntico ao que era há dez mil anos, mas nossa complexa cognição nos permite efetuar atividades (por exemplo, extração de petróleo e gás, mecanização agrícola, esgotamento do solo) em grande escala, o que está transformando este planeta em uma pocilga inabitável. Nossas cozinhas estão repletas de alimentos provenientes de um complexo agroindustrial global fundamentalmente problemático para a sobrevivência da espécie humana.

Esse exemplo da banana evidencia as duas principais consequências negativas da miopia prognóstica. A primeira é que os seres humanos, ao contrário de outros animais, enfrentam seus problemas com soluções de longo prazo que terão implicações inesperadas para as gerações futuras. Por exemplo, o desmatamento de florestas tropicais para satisfazer o desejo por bananas ou o esgotamento das reservas de água para cultivar gramados inspirados em Capability Brown. A segunda é que, mesmo nos casos em que podemos prever as consequências negativas das soluções de longo prazo, nossa mente não está programada para se preocupar verdadeiramente com essas consequências da maneira que faríamos se fossem mais imediatas. Você não está programado para se preocupar com os impactos futuros do desmatamento das florestas tropicais brasileiras para a monocultura de banana, mas, sim, para pegar as bananas no supermercado e colocá-las em seu carrinho. Esse tipo de indiferença é o motivo pelo qual um viajante do tempo jamais conseguiria convencer Capability Brown a desistir dos gramados.

Para entender como a miopia prognóstica surgiu, precisamos analisar por que a tomada de decisão animal é incapaz de lidar com problemas futuros.

## Os humanos não sentem o futuro

No capítulo anterior, aprendemos como a experiência subjetiva (ou seja, a consciência) permite que o cérebro recrute vários sistemas cognitivos para tomar decisões complexas. Os seres humanos apresentam diversas capacidades cognitivas únicas que podem adentrar o palco da improvisação e ficar sob o holofote da consciência subjetiva quando tomamos decisões, incluindo inferência causal, viagem mental no tempo, previsão episódica e autoconsciência temporal. Mas há uma infinidade de sistemas cognitivos *inconscientes* que também contribuem para isso. Esses dois sistemas — o consciente e o inconsciente — trabalham em conjunto para gerar o comportamento de tomada de decisão e acabam acarretando a miopia prognóstica. Para entender como isso funciona, vamos analisar meu animal favorito: minha filha.

Minha filha, assim como muitas crianças em idade escolar, é mal-humorada pela manhã. Ela se mostra um pouco insolente e é propensa a declarações negativas, típicas de pré-adolescentes, como "Odeio a escola, tudo e todos". Não é nada divertido. Eis uma dica de paternidade profissional: é inútil dizer a seu filho pré-adolescente para "parar de ser tão pessimista". Em vez disso, é aconselhável tentar uma clássica técnica de manipulação comportamental: o condicionamento operante. É um meio tão poderoso de modificar inconscientemente o comportamento que você pode aplicá-lo em seu filho, mesmo que ele saiba que está sendo manipulado.

Com o objetivo de fazer minha filha ser mais agradável pela manhã, expliquei a ela o que era condicionamento operante e como meu plano funcionaria. A ideia básica é que ela receberia uma recompensa imediata e positiva toda vez que exibisse um comportamento desejado. Em nosso caso, ela ganharia uma pipoca toda vez que dissesse algo bom. Logo, seu cérebro faria uma associação indelével entre dizer coisas boas e receber uma guloseima deliciosa. Seu subconsciente a faria elaborar declarações positivas, a fim de obter a dose de endorfina proveniente do consumo de pipoca. É exatamente assim que um cientista conduziria um experimento de comportamento animal, mas, nesse caso, tive a oportunidade de explicar ao meu sujeito animal como seria o processo. Nós dois reconhecemos que era uma tentativa de treinar o cérebro dela para gerar mais felicidade, um objetivo com o qual minha filha estava totalmente de acordo.

E funcionou às mil maravilhas.

Todas as manhãs, eu enchia um saco Ziploc com pipoca e o carregava comigo, entregando-lhe uma sempre que ela dizia coisas como "Está frio, mas pelo menos tenho uma jaqueta para me esquentar" ou "Não vejo a hora de comer macarrão com queijo no almoço de hoje". De repente, nossas manhãs se tornaram mais otimistas e alegres, e o humor de todos melhorou. Ela não estava necessariamente feliz em ir para a escola, mas estava mais feliz do que antes.

Esse é um dos métodos mais antigos para o cérebro gerar decisões. De moscas-das-frutas a adolescentes, o cérebro aprende rapidamente que gerar certos comportamentos trará consequências positivas (ou negativas) imediatas. É um truque de tomada de decisão simples e antigo que acarreta uma espécie de heurística. Em psicologia, uma heurística é um atalho mental ou uma regra geral, muitas vezes inconsciente, que nos ajuda a tomar decisões rápidas. Minha filha não precisava mais perder tempo pensando nas muitas coisas que poderia dizer na mesa do café da manhã nem analisar até que ponto cada comentário irritaria seus pais. Em vez disso, o condicionamento operante fez com que o cérebro dela optasse pelo caminho da simpatia.

Claro, um cérebro que está tomando decisões precipitadas não considera consequências em longo prazo. Portanto, a tomada de decisão subconsciente e instantânea integra o problema da miopia prognóstica. Para compreender seu papel, precisamos avaliar quão comuns essas heurísticas subconscientes são na tomada de decisão humana.

Se você entrou em uma livraria de aeroporto nos últimos vinte anos, é provável que tenha se deparado com vários livros de divulgação científica repletos de exemplos que explicam como a tomada de decisão humana é governada — se não dominada — por processos inconscientes. Como *Blink: A decisão num piscar de olhos*, de Malcom Gladwell, que argumenta que as decisões que tomamos automaticamente (ou seja, sem pensamento consciente) são, muitas vezes, melhores do que aquelas que passamos horas ou dias ponderando. Ou *Rápido e Devagar: Duas formas de pensar*, de Daniel Kahneman, que mostra com que frequência recorremos ao pensamento rápido/automático/inconsciente para tomar decisões (Sistema 1) versus o pensamento lento/calculista/consciente (Sistema 2). Ele os descreve da seguinte maneira: "Os Sistemas 1 e 2 estão ativos sempre que estamos acordados. O Sistema 1 funciona automaticamente, e o Sistema 2 costuma adentrar um modo confortável de baixo esforço, com a participação de apenas uma fração de sua capacidade. Continuamente, o Sistema 1 gera sugestões para o Sistema 2: impressões, intuições, intenções e sentimentos. Se endossadas pelo Sistema 2, impressões e intuições se tornam crenças, e impulsos se transformam em ações voluntárias. Quando tudo corre bem, o que acontece na maior parte do tempo, o Sistema 2 acata as sugestões do Sistema 1 com pouca ou nenhuma modificação."[12]

Muitos livros influentes expõem a ideia do poder e da prevalência do pensamento inconsciente, incluindo *Nudge: Como tomar melhores decisões sobre saúde, dinheiro e felicidade*, de

Richard H. Thaler; *O Poder do Hábito*, de Charles Duhigg; *O Momento Decisivo*, de Jonah Lehrer; *A Força do Absurdo*, de Ori Brafman; e *Why Choose This Book?*, de Read Montague. Entre eles, está Dan Ariely, autor de *Previsivelmente Irracional*. Ariely é um economista comportamental que estuda a tomada de decisão humana e ajudou a popularizar a ideia de que não somos o tipo de tomadores de decisão racionais e conscientes que gostamos de pensar que somos. Ele argumenta que somos impelidos — inconscientemente — a tomar decisões de acordo com a estrutura do ambiente ao nosso redor. O ambiente externo desencadeia heurísticas e vieses cognitivos que geram nosso comportamento sem necessidade de racionalidade ou ruminação consciente. Ele costuma citar o exemplo do comportamento do doador de órgãos.[13] O famoso estudo de Eric Johnson e Daniel Goldstein constatou que alguns países europeus tinham taxas extremamente altas de pessoas que consentiam em doar seus órgãos após a morte, enquanto outros tinham taxas muito baixas.[14] Essas taxas de consentimento não pareciam ter qualquer relação com diferenças culturais. Países como a Holanda tinham uma taxa de 27,5%, enquanto a Bélgica, sua vizinha e com quem compartilham estreitos laços culturais e linguísticos, tinha uma taxa de 98%. A diferença significativa não tinha nada a ver com sentimentos quanto à doação de órgãos ou com decisões sobre o fim da vida, mas, sim, com o formulário que as pessoas precisavam preencher ao solicitar a carteira de habilitação.

O formulário holandês pedia que elas assinalassem uma opção caso aceitassem participar do programa de doação de órgãos. Em contrapartida, o formulário belga solicitava que assinalassem uma opção caso se recusassem a participar. Verificou-se que, em ambos os formulários, a decisão não se pautava na reflexão sobre a doação de órgãos. Geralmente, as pessoas deixavam a opção desmarcada. Os humanos têm uma tendência inconsciente de manter o status quo. Quando somos encarregados a agir para mudar o status quo versus manter o curso, seguiremos o caminho de menor resistência. Nesse caso, as pessoas simplesmente não queriam se dar ao trabalho de assinalar uma opção. Quando os países alteram seus formulários para a versão "marque esta opção caso se recuse", o consentimento de doação de órgãos dispara. É o ambiente — o formulário, nesse caso — que orienta as pessoas a tomar uma decisão inconsciente usando uma heurística oculta.

É importante ressaltar que, quando você pergunta às pessoas por que elas aceitaram (ou não) participar de um programa de doação de órgãos, elas desconhecem completamente os pensamentos inconscientes que as levaram à ação. "O que acontece é que as pessoas contam histórias sobre por que tomaram essas decisões", disse Ariely a Guy Raz, da NPR. "Elas as descrevem como se tivessem refletido a semana inteira. As pessoas do formulário com a opção de aceitação dizem coisas como 'estou realmente preocupada com o sistema médico e com a possibilidade de desligarem os aparelhos cedo demais'. E as pessoas do formulário com a opção de recusa afirmam 'meus pais me criaram para ser um humano solidário e maravilhoso'."[15]

Essas pessoas não estão mentindo. A mente consciente delas está apenas procurando uma explicação *post hoc* sobre por que elas agiram de determinada forma. Trata-se de um contrassenso. "Geralmente, pensamos em nós mesmos como sentados no banco do motorista, com controle total sobre as decisões que tomamos e a direção de nossa vida", escreve Ariely em *Previsivelmente Irracional*. "Mas, infelizmente, essa percepção tem mais a ver com nossos desejos — com a forma como queremos nos enxergar — do que com a realidade."

Essa história do doador de órgãos é particularmente relevante para o problema da miopia prognóstica. A questão do que deve acontecer com seu fígado ou seu coração após a morte requer que você se envolva em um pensamento extremamente complexo. Claro, você tem sabedoria da morte, e está sendo solicitado a prever, por meio da teoria da mente, não apenas como *você* se sentiria sobre doar seus órgãos anos ou décadas no futuro (ou seja, uma capacidade de modelar estados mentais futuros), mas também como *outras* pessoas se sentiriam sobre essa decisão (por exemplo, os receptores de seus órgãos). A questão da doação de órgãos requer a matriz mais complexa de cognição humana e impulso de tomada de decisão para aquele estágio de consciência que discutimos no Capítulo 5 e que outros animais não têm.

No entanto, a decisão de doar nosso fígado acaba se resumindo a uma única e despretensiosa heurística de "preguiçoso demais para assinalar uma opção", algo que tem pouco a ver com a cognição complexa e que nunca chega à consciência. Somos impulsionados a tomar essa decisão por forças ocultas em nossa mente. Muitos exemplos de pesquisa revelam as forças ocultas que controlam nossas decisões, fazendo-nos questionar se os humanos realmente têm algum livre-arbítrio. Em seguida, apresento três dos meus favoritos.

As mulheres se sentirão mais atraídas por homens que não são seus parceiros sexuais antes do início da menstruação, logo após o ovário liberar um óvulo.[16] Elas se sentirão ainda mais atraídas por esses homens se o parceiro sexual atual delas tiver um rosto assimétrico. Então, se você é uma mulher hétero ou bi que de repente se sente atraída pelo barista de um café local, não é apenas porque ele é uma pessoa sociável e divertida e tem um sorriso bonito. É porque seu parceiro atual tem um nariz torto, e seu corpo está tentando acasalar com alguém mais simétrico.

Se você é um cara branco que vive em, digamos, Nova York, e eu lhe pedir para assistir a um vídeo enquanto meço a velocidade em que você reconhece a imagem de uma arma que lentamente entra em foco, você vai fazê-lo mais rápido se, primeiro, eu exibir um flash de imagem do rosto de um homem negro na tela,[17] ainda que o flash seja tão rápido que você não o perceba conscientemente. Por quê? Porque os brancos que crescem na América do Norte desenvolvem um preconceito inconsciente que associa os negros ao crime. Isso se aplica mesmo para os brancos que juram não ter um único osso racista em seu corpo.

É mais provável que você compre geleia se olhar para seis variedades do que para 24.[18] Por quê? Porque a mente humana experimenta *sobrecarga de escolha* quando há muitas opções a considerar. Quanto mais geleias houver para escolher, maior a probabilidade de não comprarmos nenhuma. Essas decisões de compra são, muitas vezes, baseadas na configuração dos potes de geleia nas prateleiras, e não no conteúdo em si.

Eu poderia continuar citando esses vieses cognitivos e as heurísticas adquiridas por horas a fio. Mas a mensagem principal é esta: mesmo quando acreditamos que nossas decisões conscientes são tomadas por meio de um pensamento lento, deliberativo e racional, elas são, muitas vezes, produto de — ou pelo menos influenciadas por — diversos processos inconscientes fervilhando nos bastidores de nossa mente.

Muito do pensamento humano e da tomada de decisão cotidiana é influenciado por forças inconscientes, e esse fato é importante para a compreensão da miopia prognóstica. Ele corrobora a ideia de que nossas decisões são, na maioria das vezes, produto de emoções e heurísticas ocultas em nossa mente, mesmo que ainda estejamos ponderando conscientemente um problema. E, como essas emoções e heurísticas são projetadas exclusivamente para resolver problemas futuros imediatos, e não de longo prazo, há espaço para a miopia prognóstica se arraigar.

Quando nos deparamos com uma decisão que envolve o futuro não imediato — seja daqui a uma hora, um dia ou um ano —, nossa capacidade de previsão episódica e autoconsciência temporal permite que nos projetemos nesse futuro. Conseguimos, então, imaginar como possivelmente nos sentiríamos com base nas diferentes escolhas que poderíamos fazer. Mas os cenários imaginários de futuro distante, provenientes da cognição exclusivamente humana, não carregam o mesmo peso emocional que os cenários de futuro imediato. Estar consciente de nossa fome *agora* recruta o exército de capacidades inconscientes que desencadeiam vieses e heurísticas para nos ajudar a decidir o que fazer no presente. Mesmo que possamos imaginar estar com fome daqui a cinco meses, esse exército não exerceria tanta influência sobre nossas decisões quanto se estivéssemos com fome *agora*. Esses processos inconscientes não são projetados para entender o futuro. Este é o paradoxo da miopia prognóstica: podemos imaginar nossos sentimentos no futuro, mas estes não são tão significativos quanto os atuais. Quando a previsão episódica adentra o palco da improvisação da experiência subjetiva e é transmitida para as partes subconscientes da mente, algumas delas simplesmente não entendem o que estão analisando. São processos ancestrais que evoluíram ao longo de centenas de milhões de anos para lidar com o presente. O futuro distante não significa nada para eles. Portanto, nossa capacidade de entender o futuro, e até mesmo de nos imaginar nele, compete com sistemas de tomada de decisão cujas partes não compreendem, de fato, o que estão sendo solicitadas a fazer.

Agora que entendemos um pouco mais o funcionamento da tomada de decisão para nossa espécie e a participação da miopia prognóstica, é hora de analisarmos o que acontece quando a tomada de decisão focada no futuro dá errado.

## O problema cotidiano da miopia prognóstica

A miopia prognóstica dificulta a tomada de boas decisões sobre o futuro, pois somos fortemente influenciados por nossos problemas no aqui e agora. Para mostrar como essa dificuldade nos afeta no dia a dia, darei exemplos da minha vida. Vou comparar as decisões que tomei nas últimas 48 horas com as recomendações de um robô de tomada de decisão que sempre sabe a solução ideal para todos os meus problemas. Chamarei esse robô de Prognostitron. Digamos que o objetivo do Prognostitron é maximizar minha saúde e felicidade, bem como a saúde e a felicidade futura de minha prole. Seria de se esperar que meu objetivo fosse o mesmo, mas, como você perceberá com base em minhas decisões reais, claramente esse não é o caso.

Exemplo número um: Justin quer cantar uma música.

Há alguns anos, venho me reunindo semanalmente com alguns amigos para tocar. Somos todos pais de meia-idade que tiveram bandas de rock no ensino médio. É o maior clichê de todos os cenários possíveis de crise da meia-idade. Em um de nossos ensaios recentes, estávamos curtindo um som quando o relógio indicou 22h30. Nossos filhos tinham aula no dia seguinte, então deveríamos chegar em casa antes das 23h, mas estávamos nos divertindo. Enquanto encarávamos os estojos dos instrumentos e começávamos a nos movimentar para arrumar as coisas, um dos rapazes perguntou: "Temos tempo para mais uma música?"

Hora da decisão. Prognostitron diria que a única atitude razoável seria dizer não — pegar minhas coisas e estar na cama às 23h. Meus níveis de saúde e felicidade são maximizados se eu tiver pelo menos sete horas de sono. É um fato inegável. E o que eu fiz?

"Vamos tocar mais uma música", afirmei.

Naquele momento, eu sabia o certo a se fazer. Mas minha mente foi inundada por inúmeras informações concorrentes — algumas delas inconscientes — me incentivando a ficar. Claro, eu estava me divertindo, então meu cérebro queria manter o pico de endorfina decorrente de cantar a plenos pulmões a música grunge dos anos 1990. Mas talvez eu também estivesse preocupado em desapontar os outros caras ao ir embora mais cedo. Minha banda, em particular, não é propensa à pressão de grupo, mas não há como escapar da profunda preocupação social, fundamental para a condição humana. Meu desejo inconsciente de manter laços sociais com meus amigos me incentivou a ficar. Então, é claro, eu tinha a capacidade de imaginar (via previsão episódica) como estaria no dia seguinte se decidisse ficar acordado até mais tarde: mal-humorado e sonolento. Todos conhecemos esse sentimento — quantos de nós já ficamos acordados para maratonar uma série, mesmo sabendo que precisávamos acordar cedo no dia seguinte? Apesar de minha capacidade de previsão episódica e da capacidade de entender — intelectualmente — que eu estaria cansado, a diversão daquele momento impossibilitou a escolha da melhor opção.

Então, nós tocamos mais algumas músicas e só cheguei em casa após a meia-noite. No dia seguinte, eu estava um caco. Esta é a miopia prognóstica em ação: em um nível intelectual, eu sabia que ficar acordado até tarde prejudicaria meus futuros estados afetivos e fisiológicos, mas minha mente acatava as atitudes erradas, pois eu não podia sentir as consequências de maneira significativa para meu processo de tomada de decisão. Intelectualmente, eu sabia que estaria cansado. E, quando acordei no dia seguinte, realmente estava. Mas, até aquele momento, as consequências de minhas decisões eram irrelevantes.

Exemplo número dois: Justin quer assistir a um filme.

Como freelancer, trabalho em casa a maior parte do tempo. Não tenho um chefe que me monitora para garantir que eu cumpra minhas tarefas. Tenho apenas meus cronogramas e uma vaga sensação de "você deveria estar trabalhando". Em outras palavras, a autodisciplina determina minha produtividade. Ontem, no entanto, eu não estava muito disposto. Meus níveis de procrastinação atingiram seu ápice. Para tentar me animar, minha esposa perguntou se eu queria assistir a um filme natalino após o almoço. Nosso relacionamento envolve muitas sessões de filmes, momentos em que rimos de desastres cinematográficos. É uma forma infalível de melhorar o humor, e ela fez bem em sugerir isso.

Eu tinha uma decisão a tomar: passar a tarde assistindo à Netflix ou voltar ao trabalho. Prognostitron recomendaria o óbvio: sente-se no computador e faça alguma tarefa. Do contrário, as consequências seriam potencialmente terríveis. Perder um prazo ou desapontar um cliente poderia comprometer trabalhos futuros, o que causaria sérios problemas emocionais, sem mencionar dificuldades financeiras. Era uma decisão simples: esqueça o filme e vá trabalhar.

E o que fiz? Obviamente, assisti a O *Príncipe do Natal*, que, aliás, não é um desastre. Garanto, Rose McIver é encantadora.

Mas como fundamentei minha decisão? Assim como o Prognostitron, eu sabia o que estava em jogo e qual era o certo a se fazer. Mas também queria afastar os pensamentos negativos que martelavam minha mente naquele momento. E a maneira mais fácil de alcançar esse objetivo era me distrair. E, claro, assistir a um filme significaria ter um bom momento com minha parceira de vida, algo inerentemente gratificante. Minha mente estava tendo dificuldades em equilibrar a necessidade de gratificação imediata com as consequências negativas em longo prazo. Devido à miopia prognóstica, eu estava estranhamente indiferente ao meu sofrimento futuro.

Em 2020, Edward Wasserman e Thomas Zentall, psicólogos famosos por seu trabalho com a cognição animal, escreveram um ensaio para a NBC News tentando explicar por que humanos como eu são tão ruins em se preocupar com as consequências de suas decisões em longo prazo:

> Necessidades urgentes de sobrevivência (que se acredita serem mediadas por sistemas cerebrais mais ancestrais, compartilhados com muitos outros animais) significam que ainda nos engajamos em comportamentos impulsivos. E esses comportamentos,

que outrora promoveram nossa sobrevivência e nosso sucesso reprodutivo, estão, agora, abaixo do ideal, pois vivemos em um ambiente em que as contingências em longo prazo desempenham um papel cada vez mais importante em nossas vidas.[19]

Isso resume por que meu cotidiano está repleto de miopia prognóstica. Mas também explica uma de suas consequências mais sinistras. Como os humanos vivem em um mundo cheio de contingências de longo prazo, as más decisões não estão afetando apenas seu dia a dia. Os humanos estão tomando decisões cujas consequências negativas impactarão outros humanos daqui a muitos anos — geralmente, diversas *gerações* no futuro. Porém, não temos a mente projetada para sentir essas consequências. Na verdade, em termos de tomada de decisão, quanto mais avançamos no futuro, menos nos importamos. Imaginar um mundo daqui a trezentos anos, quando já teremos falecido, afasta ainda mais a importância emocional que pode estar presente na previsão episódica. Não colocamos nosso eu temporal no centro dessas projeções de viagem no tempo; em vez disso, tentamos visualizar nossa progênie hipotética em uma paisagem hipotética quase inimaginável. Esse processo se torna um exercício intelectual muito distante dos tipos de decisão que nossa mente evoluiu para tomar. E é desse modo que a miopia prognóstica pode nos destruir.

## O futuro catastrófico da miopia prognóstica

Em 2016, a Global Challenges Foundation divulgou um relatório estimando que há uma "chance de 9,5% de extinção humana nos próximos cem anos".[20] As três formas mais prováveis foram identificadas como: 1) holocausto nuclear; 2) mudanças climáticas; e 3) colapso ecológico.[21] Cada uma delas é resultado da cognição humana, responsável por tecnologias (como armas nucleares, motores de combustão) que prejudicarão a Terra de forma tão terrível que ela não poderá mais sustentar a vida humana. Não se trata de desconhecermos as potenciais consequências negativas de algumas dessas tecnologias quando elas surgiram. A busca para dividir o átomo, por exemplo, foi empreendida especificamente porque desejávamos a consequência negativa (ou seja, queríamos inventar bombas capazes de matar milhões de pessoas de uma só vez). Os responsáveis pela criação de armas nucleares culparam (ou talvez enalteceram) abertamente a miopia prognóstica por permitir que o fizessem. Robert Christy, um dos cientistas do Projeto Manhattan, afirmou: "Vi fotos de Hiroshima, de pessoas que sofreram queimaduras graves, com pedaços de carne se desprendendo de seus braços. Você não pensa nessas coisas quando está trabalhando. Você só pensa em resolver os problemas imediatos."[22]

Para nós, é fácil expulsar do palco da consciência essas habilidades cognitivas que predizem o futuro e, então, direcionar nossa mente para lidar com problemas do presente. Essa capacidade está intimamente relacionada ao tipo de negação que Ajit Varki suspeita ser vital para a capacidade humana de compartimentar os pensamentos sobre a própria morte (e a morte alheia). A negação nos ajuda a ocultar esses pensamentos em nosso inconsciente e dar continuidade à criação de uma bomba.

Isso nos leva ao melhor exemplo da ameaça existencial da miopia prognóstica. É uma história de tomada de decisão e negação que aborda duas das formas mais prováveis de extinção humana — mudanças climáticas e colapso ecológico —, conforme apontado pela Global Challenges Foundation. E envolve a decisão de criar algo com pleno conhecimento da destruição que causaria. Refiro-me, naturalmente, aos combustíveis fósseis.

Vamos começar com a seguinte informação: na história recente, não houve um momento específico em que deixamos apenas de *achar* e passamos a ter *certeza* de que as emissões de carbono resultantes da queima de combustíveis fósseis causam mudanças climáticas. Demorou para se formar um consenso. Dito isso, explicarei o que sabemos sobre a compreensão da própria indústria petrolífera quanto ao seu papel em causar danos graves e de nível de extinção ao meio ambiente global. Em 1968, Elmer Robinson e R. C. Robbins, pesquisadores do Stanford Research Institute, apresentaram um relatório ao American Petroleum Institute sobre poluentes atmosféricos.[23] Eles se esmeraram para incluir informações sobre os perigos do dióxido de carbono liberado pela queima de combustíveis fósseis. Eles alertaram que "o $CO_2$ desempenha um papel significativo no estabelecimento do equilíbrio térmico da Terra" e que muito dióxido de carbono na atmosfera resultaria em um "efeito estufa", causando "o derretimento da calota de gelo da Antártida, o aumento dos níveis do mar, o aquecimento dos oceanos e o aumento da fotossíntese". Eles concluíram que "o homem está, agora, envolvido em um vasto experimento geofísico com seu ambiente, a Terra. É quase certo que ocorrerão alterações significativas de temperatura até o ano 2000, e isso pode trazer mudanças climáticas" e que "parece não haver dúvida de que os danos potenciais ao meio ambiente podem ser graves". Em outras palavras, Robinson e Robbins explicaram à indústria petrolífera o que a ciência vigente na época havia concluído. Nenhuma surpresa — mais de cinquenta anos depois, essas descobertas estão bastante consolidadas.

A resposta da indústria petrolífera, no entanto, foi manter o ritmo da extração de combustíveis fósseis.

Dez anos depois, em 1978, o Dr. James Hansen, diretor do Instituto de Estudos Espaciais da NASA, foi chamado perante o Comitê de Energia e Recursos Naturais do Senado dos Estados Unidos. Em seu depoimento, ele confirmou ao governo norte-americano — e ao mundo — que os alertas de Robinson e Robbins eram, de fato, uma realidade inegável. Ele afirmou que "o aquecimento global atingiu tal nível que podemos atribuir, com um alto grau de confiança, uma relação de causa e efeito entre o efeito estufa e o aquecimento observado... Em minha opinião, o efeito estufa foi constatado e está alterando nosso clima". A causa, como Hansen explicou ao Senado, era o dióxido de carbono liberado pela queima de combustíveis fósseis.

Mais uma vez, entretanto, a resposta da indústria petrolífera foi manter o ritmo da extração de combustíveis fósseis.

Em 2014, a ExxonMobil divulgou um relatório no qual afirmou que "a empresa leva a sério o risco de mudanças climáticas e continua a tomar medidas significativas para lidar com o risco e garantir que nossas instalações, operações e investimentos sejam gerenciados com esse risco em mente".[24] O relatório foi amplamente divulgado como a primeira vez que a ExxonMobil reconheceu que a mudança climática era "real" e que a indústria de combustíveis fósseis tinha a responsabilidade de corrigir essa situação.

Porém, a resposta da indústria petrolífera foi — adivinhe — manter o ritmo da extração de combustíveis fósseis.

Por que as evidências científicas não influenciaram a indústria? Por que, desde o primeiro relatório de Robinson e Robbins, em 1968, houve um aumento anual geral na extração de combustíveis fósseis, que continua até hoje?[25] Se os riscos são tão altos — e conhecidos há muito tempo —, por que a indústria não agiu antes? A resposta é que, em nenhum momento em que o problema foi apresentado, os tomadores de decisão da indústria tiveram um senso de urgência. O problema que eles estavam sendo solicitados a considerar envolvia o futuro distante. Cem anos. Uma época em que já estariam mortos há muito tempo. Além disso, em termos de interesses imediatos, quanta riqueza foi gerada a partir da indústria de combustíveis fósseis? Quantos milionários ou bilionários ela originou? Quantos empregos criou? Nossa prosperidade do presente e do futuro imediato baseia-se na proliferação de carros, trens e aviões, os quais funcionam devido à indústria petrolífera. Isso é a miopia prognóstica em ação. Os tomadores de decisão poderiam simplesmente ignorar as evidências, por mais contundentes que fossem, pois estavam focados no problema imediato (e nos benefícios imediatos). Assim como Robert Christy fez ao trabalhar na bomba atômica. Claro, às vezes eles faziam mais do que apenas ignorar; às vezes distorciam a verdade. Em julho de 2021, Keith McCoy, agora ex-diretor sênior de Relações Federais da ExxonMobil Corporation, foi filmado admitindo que a empresa havia agido exatamente assim. "Lutamos agressivamente contra parte da ciência? Sim. Nós nos juntamos a grupos negacionistas para contrariar alguns dos primeiros esforços? Sim, é verdade. Mas não há nada ilegal nisso. Estávamos cuidando de nossos investimentos, cuidando de nossos acionistas."

No entanto, considero Keith McCoy mais uma vítima da miopia prognóstica do que um típico vilão. Assim como a maioria dos humanos, ele não é capaz de realmente sentir as consequências futuras de suas ações atuais. Nenhum de nós é. E, consequentemente, nossos sistemas sociais, financeiros e políticos refletem esse fato. "Nosso sistema político-jurídico foi desenvolvido para resolver problemas de causa e efeito estruturados, de curto prazo e diretos (exatamente o oposto das questões climáticas)", sugeriu o relatório de Riscos Catastróficos Globais de 2020.[26] Isso explica por que governos e empresas demoram para agir ao analisar relatórios que preveem nossa extinção iminente. Nossas sociedades foram construídas sobre os alicerces da miopia prognóstica.

Algumas pessoas, porém, parecem sentir plenamente o futuro distante e se esforçam para incitar os sistemas político-jurídicos à ação. Greta Thunberg, por exemplo. Na Reunião Anual do Fórum Econômico Mundial, em Davos, em janeiro de 2020, como parte de sua campanha *skolstrejk för klimatet*, ela discursou como alguém cujo cérebro é dominado por uma sensação de medo no aqui e agora ao imaginar cenários futuros.

> Todos temos uma escolha. Podemos implementar ações transformacionais que assegurem as condições de vida das gerações futuras. Ou podemos continuar vivendo como de costume e falhar. Devemos mudar quase tudo em nossas sociedades atuais. Quero que vocês entrem em pânico. Quero que sintam o medo que sinto todos os dias. E, então, quero que vocês

> ajam. Quero que ajam como fariam em uma crise. Quero que ajam como se nossa casa estivesse em chamas. Porque está.[27]

Claramente, nossa espécie não está agindo como se nossa casa estivesse em chamas. Apesar da consciência generalizada de que as mudanças climáticas são um problema real causado pelas emissões de carbono humanas e apesar do fato de que nações e líderes mundiais prometeram mitigá-las e tomaram certas atitudes — como assinar o Acordo de Paris (que visa reduzir as emissões globais de gases de efeito estufa) —, a realidade é que, em todo o planeta, estamos apenas intensificando a liberação de carbono. Nesse ritmo, as emissões de gases de efeito estufa aumentarão em 16% até 2030.[28] Isso fará com que a temperatura atmosférica global aumente em 2,7°C até o final do século. Um aumento dessa magnitude acarretará grandes enchentes, perdas de safras, chuvas intensas, ondas de calor e incêndios florestais que tornarão a maior parte do planeta inabitável.[29] O aumento já começou a prejudicar as populações mundiais mais vulneráveis. É exatamente por isso que há uma chance de 9,5% de extinção humana em cem anos. Por mais terrível que seja, graças à miopia prognóstica, não parece existir vontade política suficiente para impedir esse desastre. Por esse motivo, em setembro de 2021, Greta confrontou novamente os líderes mundiais na cúpula Youth4Climate, em Milão, na Itália.

> Plano Build Back Better. Blá-blá-blá. Economia verde. Blá-blá-blá. Zero emissões de carbono até 2050. Blá-blá-blá. É tudo o que ouvimos de nossos pretensos líderes. Palavras bonitas, mas que até agora não resultaram em ação. Nossas esperanças e ambições

afogam-se em promessas vazias. Eles já tiveram trinta anos de blá-blá-blá e aonde isso nos levou? Ainda podemos mudar a situação — é totalmente possível. Serão necessárias reduções anuais imediatas e drásticas das emissões. Mas será algo inviável se as coisas continuarem como estão. A falta de ação intencional de nossos líderes é uma traição a todas as gerações presentes e futuras.[30]

A miopia prognóstica afeta todos nós, incluindo, é claro, os líderes mundiais. Ninguém é imune à dissonância cognitiva gerada por ela, mesmo quando os riscos são tão altos quanto a extinção global. Considere que uma criança nascida hoje tem cinco vezes mais chances de morrer em um evento de extinção global do que em um acidente de carro. Reflita por um momento. Pense em quão frequente é o ato de dirigir e releia essa frase. No entanto, para ser honesto, eu não consigo *sentir* esse perigo.

Se você me dissesse que levar minha filha para a escola todos os dias abarca uma chance de 9,5% de ela morrer em um acidente de carro, muito provavelmente eu encontraria meios alternativos o mais rápido possível. Consigo sentir esse perigo no fundo da minha alma. Mas, se me dissesse que levar minha filha para a escola abarca uma chance de 9,5% de minha tataraneta morrer devido ao colapso ecológico, eu pararia de dirigir? Não. Mesmo que essa seja a sina da minha família no futuro, aqui estou eu, dirigindo meu Subaru como se estivesse tudo bem.

Os seres humanos não têm a capacidade de avaliar as consequências de suas ações em longo prazo com os mesmos critérios utilizados para decisões de curto prazo. E Greta? Por que ela é a única, ou aparentemente a única, em comparação a tantos de nós? Greta atribuiu ao seu autismo a capacidade de permanecer focada em problemas futuros e não se distrair com a influência da miopia prognóstica.[31] "Eu tenho Asperger, e isso significa que, às vezes, sou um pouco diferente do habitual. E — dadas as circunstâncias certas — ser diferente é um superpoder", tuitou ela.[32] Ao contrário de algumas exceções prescientes, nós, como espécie, não somos projetados para nos sentir assim quanto a nossas decisões. Muitos de nós não temos superpoderes como Greta; somos, simplesmente, prejudicados pela miopia prognóstica.

Nesse momento, gostaria de me dirigir àqueles que possam estar lendo estas palavras na virada do milênio, incluindo meus tataranetos. Em nome da minha geração, peço desculpas. Nasci na década de 1970 e atingi a maioridade durante o boom industrial e capitalista que dominou a América do Norte nos anos 1980 e 1990. Quase não houve discussão sobre como nosso comportamento poderia afetar a saúde da Terra. Embora muitos cientistas tenham tratado de assuntos como "reciclagem", "chuva ácida" ou "aquecimento global" na época, a maioria das pessoas só se interessaram pelas mudanças climáticas quando ficou evidente — na virada do atual milênio — que estávamos seguindo por um caminho sombrio. Também quero me desculpar pessoalmente: continuo dirigindo meu Subaru, apesar de saber o que essa atitude acarretará para vocês.

Como humanos, somos vítimas de nossa prosperidade. Neste planeta, nunca existiu uma espécie capaz de transformar a estrutura de nosso ambiente, a Terra, como nós. Portanto, chegou a hora de colocar tudo em perspectiva. Com o espectro da miopia prognóstica pairando sobre nós, chegou o momento de determinar o valor da inteligência humana.

CAPÍTULO 7

# Excepcionalismo Humano

*Estamos ganhando?*

> Todas as ciências devem doravante preparar o caminho para a tarefa futura do filósofo, sendo esta tarefa assim compreendida: o filósofo deve resolver o problema do valor, deve determinar a hierarquia dos valores.
>
> **— NIETZSCHE**[1]

Eric Barcia havia calculado cuidadosamente a altura da treliça da ponte no Lake Accotink Park, em Springfield, Virgínia. Eram 21m da beirada da treliça até o vertedouro de concreto abaixo. Entusiasta amador de bungee jump, descrito pela avó como "muito inteligente na escola",[2] Barcia uniu várias cordas elásticas até criar uma única com cerca de 21m de comprimento. No início da manhã de 12 de julho de 1997, ele prendeu a corda improvisada nos tornozelos, amarrou a outra extremidade à treliça e saltou da ponte.

Seu corpo foi encontrado por um corredor logo em seguida. Como as cordas elásticas se esticam quando puxadas (um fato que Barcia havia ignorado), ele superestimou o comprimento da corda em cerca de 18m.

A tentação aqui é rir da estupidez de Barcia. Mas essa não é uma história sobre a estupidez de um homem. O erro de cálculo do comprimento da corda foi apenas um triste detalhe de uma história muito maior de proezas cognitivas humanas. Estar à beira dessa ponte e conceber um plano tão elaborado é uma prova de tudo o que a mente humana tem de incrível. A morte dele foi o resultado de um simples erro matemático. Mesmo cientistas de foguetes superinteligentes cometem erros semelhantes. Lembra quando o Orbitador Climático de Marte (de US$125 milhões) queimou na atmosfera do planeta vermelho, em 1999? Os engenheiros do Laboratório de Propulsão a Jato da NASA utilizaram o sistema métrico para calcular a trajetória do orbitador, mas os engenheiros da Lockheed Martin Astronautics (que construiu o software do orbitador) usaram polegadas, pés e libras. O resultado? Quando entrou em órbita, a sonda espacial estava 170km abaixo da altitude adequada. Tal como Barcia, ela mergulhou abruptamente para a morte, um final trágico de uma história notável de engenhosidade humana.

O objetivo deste livro é determinar o que as histórias como a de Barcia nos mostram sobre o valor da inteligência humana. Desde o primeiro capítulo, venho catalogando as capacidades cognitivas que se enquadram no âmbito da inteligência para determinar se a mente humana é excepcional e/ou favorável. Alternativamente, estaríamos melhor (tanto como indivíduos quanto como espécie) se tivéssemos a mente de algum outro animal?

Vamos analisar mais atentamente nosso aventureiro amador. O que passou pela mente dele e acabou levando-o à morte? Barcia planejou seu salto com dias — talvez até semanas — de antecedência. O que significa que ele, ao contrário da maioria das outras espécies animais, foi capaz de imaginar uma versão de si mesmo em um cenário futuro, no qual ele experimentaria um sentimento positivo (por exemplo, alegria, medo, entusiasmo) como resultado de saltar da ponte. Em outras palavras, exatamente o que você esperaria de um viciado em adrenalina. O plano em si envolvia um conhecimento profundo de causa e efeito — uma forma de inferência causal que é a marca registrada de nossa espécie. A maioria dos animais entende que coisas caem, mas Barcia tinha um conhecimento maior de cargas de tração, trajetórias, mecânica clássica e assim por diante. Ele sabia, por exemplo, que amarrar uma corda em torno dos tornozelos o impediria de colidir com o solo. E, claro, Barcia estava ciente de que pular de uma ponte de 21m de altura — sob quaisquer circunstâncias — é inerentemente perigoso e, portanto, assustador. Mas, como qualquer buscador de sensações lhe dirá, dominar esse medo faz parte da diversão. Afinal, ele estava saltando de bungee jump, e não tentando se matar. Tudo o que discutimos ao longo deste livro sobre a singularidade da mente humana fica evidente nesse caso.

Agora imagine que Santino — o chimpanzé atirador de pedras que conhecemos no Capítulo 3 — estivesse ao lado de Barcia na beirada da treliça. Qual seria a diferença entre os processos de pensamento de ambos naquele momento? Como os chimpanzés são nossos parentes evolucionários mais próximos, comparar como Santino e Barcia abordariam esse cenário nos dará importantes pistas sobre o excepcionalismo humano e sobre nossa mente em relação à mente de outros animais. Para constar, Santino nunca amarraria uma corda em torno de seus tornozelos e pularia de uma ponte em busca de um pico de endorfina.

Vamos começar com o básico: os animais não humanos se engajam em comportamentos de busca de sensações? Muitas espécies de animais se engajam em comportamentos de busca de novidades — um primo próximo da busca de sensações. Considere os gatos. O YouTube está repleto de exemplos de gatos se metendo em lugares perigosos por causa de sua paixão por explorar cenários potencialmente perigosos (por exemplo, árvores altas, espaços apertados). Porém o exemplo mais claro não apenas da busca de novidades, mas da busca de sensações em animais é encontrado nos macacos selvagens da Índia vistos em *Spy in the Wild*, produção da BBC de 2017.[3] Esses macacos escalam um pilar de quase 5m acima de uma fonte ao ar livre, lançando-se no lago estreito, onde até mesmo um pequeno erro de cálculo pode causar ferimentos graves ou a morte se não atingirem a água. Embora muito menos perigoso do que pular de uma ponte de 21m acima de uma estrada de concreto, não há como negar que esses macacos estão se engajando em uma atividade perigosa, da qual obtêm prazer, apesar (ou por causa) dos riscos envolvidos.

O que impede Santino de saltar de bungee jump? É possível — se não provável — que um chimpanzé queira se engajar em um comportamento perigoso de busca de sensações semelhante aos macacos que mergulham na fonte. Mas essas práticas não são idênticas quando se trata das capacidades cognitivas necessárias para experimentar as sensações. Santino precisaria elaborar um plano que levaria dias para ser executado, envolvendo a montagem de materiais para criar uma corda elástica, bem como as capacidades de viajar mentalmente no tempo, que ele provavelmente não apresenta. Ele precisaria, ainda, de uma compreensão sofisticada de causa e efeito — do que acontece com um objeto que cai e está preso a outro por meio de um material elástico. Depois, ele precisaria elaborar esse tipo sofisticado de ferramenta e encontrar uma forma de fixá-la em si mesmo e na ponte; capacidades que parecem ultrapassar suas competências. Esse tipo de especialização em *por que* não está presente nos chimpanzés. Mesmo que quisesse saltar de bungee jump, Santino não é inteligente o suficiente para fazê-lo.

Porém, isso é vantajoso. O plano de Barcia foi um caso de cognição humana complexa que deu errado. Sua inteligência, e não sua estupidez, foi diretamente responsável por sua morte. Santino, que, em teoria, é o menos inteligente dos dois, comportou-se de maneira mais inteligente *precisamente porque* era menos inteligente. Em outras palavras, a inteligência, às vezes, resulta em um comportamento muito estúpido.

Considere este exemplo de humano versus animal que salienta as armadilhas — ou talvez a impotência — da inteligência humana. Existem três espécies de percevejos que se alimentam de nós, humanos, quando estamos dormindo (*Cimex lectularius, Cimex hemipterus* e *Leptocimex boueti*).[4] Os percevejos são atraídos pelo calor do ambiente e de nosso corpo e pelo dióxido de carbono que exalamos ao respirar.[5] Estranhamente, eles são insetos achatados, o que os ajuda a se esconder em lugares que nunca pensamos em procurar. Eles podem se enfiar entre frestas tão pequenas quanto a espessura de uma folha de papel. E, como se alimentam exclusivamente do nosso sangue, encontram esconderijos perto de onde dormimos. Eles preferem quando estamos imóveis na cama — um alvo mais fácil. Toda a sua biologia está centrada em analisar o comportamento humano para tentar descobrir quando estamos mais vulneráveis. "Eles não sairão para se alimentar até que você baixe a guarda", explicou a Dra. Jody Green em nossa conversa pelo Zoom. Jody é educadora de extensão de entomologia urbana da Universidade de Nebraska-Lincoln e especialista no comportamento de insetos que nos enlouquecem: percevejos, piolhos, cupins, pulgas etc. "Eles conhecem sua rotina. Se você trabalha à noite e dorme apenas durante o dia, eles se adaptam — agem durante seu horário de sono. Se você sair de férias, eles podem aguardar seu retorno."

As estratégias de esconderijo dos percevejos podem ser bastante elaboradas. À medida que envelhecem, eles perdem seus exoesqueletos, que deixam para trás como uma carapaça vazia. Quando você pulveriza sua casa com pesticidas, os percevejos jovens costumam correr em direção ao exoesqueleto mais próximo, deixado por um adulto maior, para se esconder dentro dele. "É uma proteção extra", explicou Jody.

Mas a principal estratégia dos percevejos é se esconder nos lugares em que ninguém olha ou pensa em pulverizar com veneno. Considere um quarto de hotel. Ele passa por limpeza todos os dias, incluindo a troca da roupa de cama. E, no entanto, os quartos de hotel são um prato cheio para percevejos. Isso ocorre porque esses quartos, assim como nossas casas, têm muitos locais ignorados quando se trata de limpeza regular. Alguns itens, repletos de percevejos, raramente são lavados, tais como cortinas e saias de cama.

Talvez o esconderijo mais sagaz em um hotel seja aquele com a menor probabilidade de alguém mexer: a Bíblia na mesa de cabeceira. Na América do Norte, quase todos os quartos de hotel têm uma graças à campanha da Gideons International: um grupo evangélico cristão que distribui Bíblias gratuitas há mais de um século. A Bíblia tem centenas de páginas entre as quais um percevejo achatado pode se enfiar. É o esconderijo perfeito para toda uma civilização de percevejos. Jody sugere que, se você perscrutar seu quarto de hotel em busca de percevejos, a Bíblia é o primeiro lugar que deve olhar. "Talvez não seja adequado folhear a Bíblia para procurar percevejos, mas..."

Os percevejos podem desenvolver essas elaboradas estratégias de esconderijo usando, conforme vimos nos capítulos anteriores, capacidades de tomada de decisão relativamente simples que não dependem de previsão episódica ou inferência causal, por exemplo. E, ainda assim, essa mente simples costuma superar a complexa mente humana em uma batalha de esconde-esconde. Mas essa não é a lição mais importante dessa história. Como os percevejos são difíceis de encontrar e esmagar, os humanos tiveram que recorrer a suas mais sofisticadas habilidades como especialistas em *por que*, a fim de encontrar soluções para matá-los.[6] A substância química diclorodifeniltricloroetano — mais comumente conhecido como DDT — é um inseticida potente, originalmente usado para matar mosquitos e amplamente empregado durante a Segunda Guerra Mundial para impedir a propagação de doenças transmitidas por mosquitos, como malária e febre tifoide. Mas ele é igualmente eficaz em matar percevejos. Após o fim da guerra, o DDT passou a ser comercializado na América do Norte, e cidadãos comuns começaram a pulverizá-lo desenfreadamente em suas casas. E com razão. No início de 1900, todas as casas nos Estados Unidos sofreram uma infestação de percevejos. Dentro de uma década, porém, e antes de sabermos quão ruim era para a saúde humana,[7] a pulverização em massa de DDT quase levou à erradicação do percevejo na América do Norte. Quase.

Os percevejos que sobreviveram foram os que desenvolveram resistência ao DDT. Enquanto os humanos comemoravam a vitória, esses percevejos resistentes começaram a se multiplicar — lentamente no início. Mas, então, na década de 1990, a população de percevejos disparou. Em meados dos anos 2000, todos os estados dos EUA estavam infestados. Um relatório de 2018 constatou que, no ano anterior, 97% das empresas de dedetização norte-americanas atenderem a casos de infestação por percevejos.[8] Em outras palavras, atualmente, percevejos resistentes ao DDT estão por todos os lugares. Na verdade, percevejos modernos são resistentes a quase todos os pesticidas. No final das contas, então, nossas soluções mais inteligentes ainda não são páreo para a mente simples dos percevejos. Mas ainda há mais nessa história, que destaca a grande derrota da mente humana devido à miopia prognóstica.

Em nossa luta contra os percevejos, lançar enormes quantidades de DDT no meio ambiente acabou sendo uma solução bastante tola. A substância se infiltrou de uma forma em nossa vida que só agora começamos a perceber. Embora os Estados Unidos tenham proibido o uso de DDT em 1972, todas as pessoas que vivem no país (incluindo crianças nascidas após a proibição) têm vestígios de DDT em seu organismo.[9] O DDT tem uma meia-vida de 150 anos na água,[10] o que significa que os pisos e as paredes impregnados dessa substância das casas pulverizadas na década de 1940 acabaria em condições perfeitamente estáveis na água dos baldes de esfregão. Quando esses baldes foram esvaziados, o DDT pegou uma carona nas águas residuais, indo parar nas estações de tratamento de esgoto ou diretamente em rios e oceanos, onde começou a se acumular dentro do corpo de peixes e outros animais aquáticos. Alguns desses peixes acabaram em nossos pratos, fazendo com que a substância química se acumulasse em nossos tecidos, onde permanece até morrermos. As mães podem passar resíduos de DDT para seus filhos através do leite materno, sendo, ainda hoje, praticamente impossível evitar a ingestão de DDT. E pior, mulheres expostas à substância sofreram mudanças epigenéticas que são passadas para seus filhos e netos. E essas alterações estão diretamente ligadas ao aumento da obesidade, que está correlacionado ao aumento do câncer de mama em mulheres cuja linhagem ancestral foi exposta ao DDT.[11] "Tudo a que sua bisavó foi exposta durante a gravidez, como o DDT, pode promover um aumento drástico em sua suscetibilidade à obesidade, e você passará isso para seus netos, mesmo sem qualquer exposição contínua à substância", disse Michael Skinner, especialista em epigenética da Universidade Estadual de Washington.[12] Os humanos não estão apenas perdendo a guerra contra os percevejos, mas as soluções tecnológicas hiperinteligentes para combatê-los resultaram em um envenenamento de si mesmos e de seus netos.

Esse é o problema em considerar a inteligência humana algo especial e em assumir que a excepcionalidade é vantajosa. A cognição humana e a cognição animal não são tão diferentes, mas a complexidade da cognição humana nem sempre alcança um resultado melhor. Em ambas as batalhas — Barcia versus Santino e percevejos versus DDT —, o pensamento complexo e humano foi o perdedor. É o que chamo de *paradoxo do excepcionalismo*. É a ideia de que, embora os seres humanos sejam, de fato, excepcionais quando se trata da cognição, isso não significa que eles são melhores no jogo da vida do que outros animais. Na verdade, devido a esse paradoxo, os humanos podem ser uma espécie menos bem-sucedida justamente por causa de sua incrível e complexa inteligência.

## F*da-se a Complexidade

O que exatamente é "sucesso" quando se trata de evolução? O sucesso evolutivo pode significar que uma espécie permaneceu relativamente a mesma por um longo período devido a seu design biológico eficaz. Ou pode significar que determinada espécie se espalhou por todo o mundo em grande número. Por qualquer definição, se você analisar exemplos de "sucesso evolutivo" no reino animal, é a cognição simples — não a complexa cognição humana — que sempre vence. Considere seu cólon por uns instantes. Você já deve estar ciente de que o corpo humano está repleto (e coberto) de bactérias. É verdade que seu corpo abriga quantidades iguais de células bacterianas e humanas — cerca de 38 trilhões de cada.[13] As células bacterianas são uma ordem de grandeza menor do que as células humanas, e é por isso que você tem a aparência e a sensação de que é, em grande parte, humano. Mas você não é. Na melhor das hipóteses, é meio-humano. A maioria dessas bactérias vive em seu cólon. Toda vez que você faz cocô, expele bilhões de bactérias, pois metade de seu cocô é composto de células bacterianas.[14] Na verdade, há mais bactérias em seu cocô matinal do que humanos vivos neste planeta. Existem 5 nonilhões de células bacterianas vivas na Terra neste momento — são mais bactérias do que estrelas no Universo.[15] Apenas com base nos números, é evidente que as bactérias são a forma de vida mais bem-sucedida que já existiu. E elas são uma forma de vida absolutamente desprovida de cognição complexa.

Porém, mesmo se deixarmos de lado os óbvios campeões da evolução (por exemplo, os procariontes, como as bactérias), em termos de números, e analisarmos quais espécies existem por mais tempo em sua forma atual, constataremos que o pensamento simples supera a cognição complexa até quando se trata de espécies maiores, mais inteligentes e vertebradas. Considere os crocodilianos. Os ancestrais de crocodilos, aligátores, jacarés etc. surgiram há cerca de 95 milhões de anos — em meio ao período Cretáceo.[16] Isso significa que os crocodilos tomavam sol ao longo das margens dos rios na companhia de T. rex, velociraptors, triceratops e todas as outras espécies de *Jurassic Park*. Os crocodilianos sobreviveram habilidosamente ao evento global de extinção em massa, que matou três quartos de todas as espécies da Terra, incluindo os dinossauros.

Os crocodilianos talvez sejam a espécie de grandes vertebrados mais bem-sucedida que já existiu. No entanto, como a maioria dos répteis, sua reputação é de que não apresentam uma cognição complexa. Embora exibam comportamento lúdico[17] e, até mesmo, usem ferramentas,[18] eles não são solucionadores de problemas prodigiosos; não demonstram previsão episódica, inferência causal, teoria da mente ou qualquer uma das inegáveis capacidades que encontramos em humanos. O motivo talvez seja um viés de amostragem; até onde sei, não há laboratórios de cognição de crocodilos. Não consigo imaginar muitos laboratórios universitários dispostos a deixar estudantes de psicologia colocarem um crocodilo em uma máquina de ressonância magnética. Mas não faria diferença. Os crocodilos estão se saindo bem sem essas capacidades cognitivas. Em termos cognitivos, às vezes menos é mais.

Para compreender a indiferença da evolução em relação à complexidade, considere o suplício da ascídia, um animal marinho do subfilo Tunicata. Existem cerca de 2.150 espécies diferentes. Na fase larval, as ascídias se parecem muito com um girino. Elas têm uma cabeça e uma cauda, bem como uma medula espinhal com um minúsculo cérebro que as ajuda a nadar. Quando atingem a maturidade, elas se fixam em uma rocha. Então, digerem o cérebro e a medula espinhal e passam o restante da vida naquela rocha, alimentando-se por filtragem. Essa é a seleção natural concluindo que o melhor caminho para o sucesso de uma ascídia é remover ativamente qualquer chance de *pensar*. Porque, conforme argumentei quanto aos humanos, a cognição complexa pode ser um fardo existencial.

Os organismos simples (de bactérias e ascídias a crocodilos) vêm ganhando o jogo da seleção natural há milhões de anos sem qualquer necessidade de cognição complexa. Isso mostra que traços cognitivos simples — como a antiga e tediosa aprendizagem associativa que encontramos nos percevejos — têm um histórico imbatível quando se trata de gerar um comportamento bem-sucedido. Por meio da aprendizagem associativa, Lucy, a cachorra do Capítulo 1, entendeu que o farfalhar dos arbustos de amieiro, que avistamos durante nossa caminhada na floresta, poderia indicar perigo. Nós dois paralisamos. Minhas habilidades como especialista em *por que* podem ter me dado uma compreensão mais profunda da razão pela qual os arbustos farfalhavam, mas o comportamento subsequente que Lucy e eu demonstramos foi idêntico. A seleção natural não se importa com o nível de complexidade que suscitou nossa vigilância, mas, sim, com sua eficácia em nos manter vivos.

Nossa capacidade de inferência causal parece impressionante, e ser um especialista em *por que* nos ajudou a prosperar bastante, mas a inferência causal ainda é recente. Ela precisará permanecer por um bilhão de anos antes que possamos considerá-la uma solução cognitiva sólida que poderia competir com a aprendizagem associativa. E, uma vez que a miopia prognóstica tem colocado nossa espécie em risco iminente de extinção (por exemplo, por intermédio de mudanças climáticas, guerra nuclear ou colapso ecológico), é extremamente improvável que nossa espécie perdure por mais um milênio, que dirá outros bilhões de anos. As antigas pinturas rupestres de teriantropos em Sulawesi tornaram-se um símbolo profético de nosso destino; elas são evidências de nosso pensamento complexo sobre a moralidade e o significado da vida. E, no entanto, as próprias pinturas estão começando a desaparecer. Após sobreviverem por 40 mil anos, elas estão sendo rapidamente destruídas, descamando devido às secas e às altas temperaturas provocadas pelas alterações climáticas induzidas pelo homem.[19]

Barcia, portanto, é o símbolo máximo de nossa espécie no que se refere ao paradoxo do excepcionalismo. Foi sua marca humana de excepcional complexidade cognitiva que acarretou sua remoção do pool genético. Somos amaldiçoados pela miopia prognóstica e estamos aparentemente preocupados em amarrar a corda elástica da autoextinção em torno de nossos tornozelos. No contexto geral, estamos destinados a desaparecer da Terra muito antes das bactérias ou dos crocodilos. É um modo sombrio e triste de encarar a situação. E talvez não seja a grande conclusão pela qual você esperava. Felizmente, nem todos concordam com minha opinião desoladora sobre o valor da inteligência humana.

## #vencendo

Meu amigo Brendan é um jornalista que não hesita em criticar argumentos ou contestar ideias. Costumamos nos encontrar em um restaurante pela manhã, onde bebemos muito café e reclamamos sobre nossas paixões e nossos problemas. Após uma longa discussão sobre por que o marido da primeira-ministra dinamarquesa Birgitte Nyborg era um personagem tão antipático na primeira temporada de *Borgen*, tocamos no assunto da inteligência humana. Após argumentar que *inteligência* é um termo carregado de valor que devemos descartar, sugeri que passássemos a catalogar e descrever capacidades cognitivas individuais sem julgamento. Se julgarmos o valor da cognição não por sua complexidade, mas pelo sucesso biológico, os seres humanos são muito recentes para uma análise adequada e, provavelmente, entrarão em conflito com a seleção natural devido à miopia prognóstica. Os crocodilos podem ser candidatos melhores ao apelido de *animais inteligentes* se estivermos valorizando a cognição por sua capacidade de gerar um comportamento evolutivamente vantajoso.

"Nesse sentido, os crocodilos estão vencendo", eu disse.

"Não. Nós vencemos", alegou Brendan. "Nenhum outro animal tem um domínio tão pleno quanto o nosso."

"O que você quer dizer com *domínio*?", rebati. "Porque há mais bactérias vivendo em seu traseiro agora do que humanos vivendo na Terra. Se estamos julgando o 'domínio' em números absolutos, as bactérias estão vencendo."

"As bactérias podem ser abundantes", argumentou Brendan, "mas elas não são capazes de ter essa conversa. Podemos refletir sobre nossa vida, enquanto as bactérias e os crocodilos não podem. Fomos muito além de encontrar alimento e abrigo. Como não vencemos? Nunca duvidei de nossa vitória. Afinal, veja o que estamos fazendo!"

Brendan citou vários exemplos das maiores conquistas de nossa espécie: exploração espacial, divisão do átomo, vacinas, sistemas legais, megacidades, produção de alimentos industrializados, internet, música, arte, poesia, teatro, literatura etc. A lista de coisas que só os humanos são capazes de criar é absurdamente longa. Tudo graças à nossa capacidade de linguagem, cultura, ciência, matemática e assim por diante. Eu argumentei que nada disso importa, que é apenas exagero. Na história de bilhões de anos da cognição animal, esses feitos são apenas fogo de palha — detalhes chamativos e irrelevantes em uma história muito mais longa sobre o domínio das mentes simples.

"Isso é besteira", afirmou Brendan.

Eu estava mesmo dizendo que esse tipo de conquista — como andar na Lua — não tem valor real? Se não atribuímos valor ao sucesso biológico em termos de um jogo de números (ou seja, quantos indivíduos de nossa espécie estão vivos) ou um jogo de longevidade (ou seja, há quanto tempo nossa espécie existe e por quanto tempo ela continuará existindo), que outra maneira temos de julgar o valor de nossa cognição e o comportamento que ela gera? Nossa capacidade excepcional de entender e manipular as propriedades físicas do Universo é algo *inerentemente* benéfico? É o que Brendan sugere. Ele está lidando com um conceito de valor desvinculado da biologia, no qual a busca do conhecimento, da verdade e da beleza é um objetivo digno por si só. Eu, por outro lado, determino o valor do ponto de vista da aptidão. Para mim, Copérnico e Ada Lovelace são exemplos perfeitos da grandiosa conquista intelectual humana, mas não fazem tanta diferença se nossa espécie se extinguir após 300 mil anos. Para Brendan, viver um bilhão de anos saltitando na água como um crocodilo é inútil se não resultar no surgimento de um Copérnico ou de uma Lovelace para ajudar a desvendar os segredos do Universo.

Acredito que há um meio-termo aqui. Acho que existe um método de determinação do valor que mescla a inclinação filosófica de Brendan com meu cientificismo insensível. E, como tudo em minha vida atualmente tem a ver com minhas galinhas.

## O que importa importa

Qual é o valor da inteligência humana? Há algumas coisas que só os humanos fazem, as quais compõem a longa lista de feitos humanos defendidos por Brendan e são o resultado de nossa cognição única. Ponderei o problema do que o *benéfico* deve significar em relação a esses feitos e concluí que os aspectos cognitivos *benéficos* são os que geram a maior quantidade de prazer, tanto para o animal individual quanto para o mundo em geral, agora e no futuro previsível. A meu ver, esse meio-termo para determinar o que constitui o "sucesso" faz mais sentido. Não acho que o sucesso deva ser fundamentado em um jogo de números (por exemplo, quantos humanos individuais existem) ou em um jogo de longevidade (por exemplo, há quanto tempo os crocodilianos existem), pois a Terra será engolida pelo Sol em alguns bilhões de anos. Isso é um fato. Antes que aconteça, haverá milhões de novas espécies formadas a partir de pressões seletivas estranhas e inimagináveis. Talvez os humanos se extinguam e sejam substituídos por uma espécie de corvos gigantes com cauda preênsil, teoria da mente completa e um desejo voraz de explorar o espaço. Quem sabe? E isso importa? O Sol acabará por destruir esses novos uber-corvos juntamente com todos os seres vivos do planeta, então essa conversa sobre números populacionais ou longevidade biológica realmente importa em longo prazo? O valor da vida, portanto, deve ser enquadrado no aqui e agora. E o que mais importa para mim, você ou qualquer espécie animal viva neste exato momento é o prazer.

Todo ser vivo tem uma existência efêmera. E, nessa efemeridade, se tiver a sorte de ter um cérebro, flutuará, dia após dia, em um mar de qualia. São os qualia que alimentam a vida e impulsionam os animais a se comportar, pensar e ser. Eles importam para nós, então importam. Podemos reformular a questão do valor, afastando-a das noções de domínio e aplicando-a à única coisa que parece universal: a busca de qualia positivos. Em outras palavras, a busca do prazer. Acho que Brendan e eu concordamos que a única coisa que todos os animais valorizam é a maximização do prazer e a minimização do sofrimento.

Do ponto de vista biológico, essa ideia de maximização do prazer faz sentido na medida em que o trabalho do cérebro é produzir um comportamento que ajude um animal a sobreviver e a se reproduzir. Portanto, o cérebro criará qualia do prazer, para que o animal saiba que está no caminho certo. O pesquisador de comportamento animal Jonathan Balcombe explora essa ideia em seu livro *Pleasurable Kingdom*:

> O mundo animal está repleto de uma enorme variedade de criaturas que respiram, percebem e sentem, que não estão apenas vivas, mas que vivem a vida. Cada uma está tentando prosperar — se alimentar, se abrigar, se reproduzir, buscar o que é bom e evitar

o que é ruim. Há uma diversidade de coisas boas a serem obtidas: comida, água, movimento, descanso, luz do sol, sombra, descoberta, expectativa, interação social, brincadeira e sexo. E, como obter esses benefícios é adaptativo, a evolução equipou os animais com a capacidade de experimentar suas recompensas. Assim como nós, eles buscam prazer.[20]

Os qualia do prazer são os motores da evolução. O prazer é intrinsecamente gratificante para o cérebro que o experimenta e biologicamente gratificante, pois inspira os animais a buscar objetivos que aumentam sua aptidão biológica. Do ponto de vista ético, você poderia argumentar que os comportamentos que produzem o maior prazer do mundo para o maior número de seres conscientes são os que carregam mais valor. É o caso das conquistas humanas que Brendan listou (por exemplo, vacinas, agricultura), e é por isso que ele as considera inerentemente valiosas.

Esse valor focado no prazer está relacionado à ética clássica. O prazer é o coração pulsante das filosofias utilitárias descritas pela primeira vez por Jeremy Bentham e John Stuart Mill, há mais de dois séculos.[21] Bentham descreveu sua filosofia moral utilitária baseada no prazer da seguinte forma:

> A natureza colocou a humanidade sob o domínio de dois mestres soberanos, a dor e o prazer. Cabe apenas a eles apontar o que é conveniente fazer, bem como determinar o que devemos fazer. Ao seu trono, estão atados, de um lado, o critério de certo e errado e, de outro, a cadeia de causas e efeitos. Eles

nos governam em tudo o que fazemos, em tudo o que dizemos, em tudo o que pensamos: todo esforço despendido para descartar nossa sujeição servirá apenas para demonstrá-la e confirmá-la.[22]

Junte esse utilitarismo com o valor biológico do qualia e o resultado é um sistema para julgar quais animais estão, como Brendan diz, #vencendo. As espécies vencedoras são as que podem viver suas vidas tendo experimentado a maior quantidade de prazer. Infelizmente, se redefinirmos o sucesso como a capacidade de gerar prazer no mundo, os humanos ainda entram em conflito com o paradoxo do excepcionalismo.

Considere a linguagem, uma das capacidades cognitivas que Brendan destacou como parte daquilo que torna os humanos tão especiais. Na verdade, é um comportamento sem equivalentes em espécies não humanas. Como todas as capacidades cognitivas, as bases da linguagem podem ser encontradas nos sistemas de comunicação de muitas outras espécies, incluindo o chamado de alarme dos cães-de-pradaria, que podem transmitir o tamanho, a cor e as espécies de animais que eles veem,[23] e a complexa estrutura do canto de pássaros ou de baleias, que pode ser entendido como uma forma rudimentar de gramática.[24] Porém, os humanos são a única espécie com um sistema de gramática gerativa, capaz de combinar elementos significativos de palavras para formar frases que representem toda e qualquer ideia que surja em sua cabeça.

A primeira questão é: nós, como espécie, experimentamos mais prazer por meio do uso da linguagem do que os animais não linguísticos com os quais compartilhamos este planeta? Por um lado, a linguagem pode ser usada para criar músicas, piadas e histórias que são, em minha vida, talvez a maior fonte de prazer que experimento regularmente. Minhas galinhas nunca terão esse prazer. Mas isso as torna menos felizes? Bem, essa é uma pergunta capciosa. As galinhas não evoluíram para usar a linguagem, da mesma forma que os humanos não evoluíram para empoleirar. Minha vida é mais pobre porque não durmo em um poleiro? Óbvio que não. Minha biologia não foi projetada para dormir empoleirado. Ela é, no entanto, projetada para aprender e usar a linguagem, e eu provavelmente teria uma vida muito mais triste se tivesse crescido sem qualquer exposição a ela. As galinhas, portanto, não sabem que sentem falta da linguagem porque não são projetadas para ela. Seu prazer é obtido por meio do ato de ciscar e comer larvas. Elas não teriam um prazer semelhante assistindo a um episódio de *Borgen*. Assim, não há razão para supor uma perda de prazer para nossos irmãos animais não linguísticos.

Mas pode haver uma perda para os humanos justamente por causa da capacidade de linguagem. O Capítulo 2 explorou a capacidade humana de decepção, o que acelera com a linguagem. Nossa capacidade de mentir e enganar, de convencer e persuadir, é, em parte, responsável por todo o mal neste mundo. A aptidão linguística pode ser o que dá aos tiranos e líderes seu poder; pense na influência que os discursos de Hitler (e os escritos de Nietzsche) tiveram na ascensão do nazismo na Alemanha. E, mesmo quando os líderes não são particularmente eloquentes, suas palavras transmitem ideias que impulsionam as nações em direção a metas chauvinistas e genocidas que resultam no sofrimento e na morte de milhões. Por mais que a linguagem seja responsável pelos feitos gloriosos de nossa espécie (como cultura, arte, ciência), ela também é culpada por disseminar infelicidade e destruição. Sem a linguagem e as capacidades sociocognitivas subjacentes que a tornam possível, é improvável que minhas galinhas se unam *em massa* para devastar o mundo em busca de glória para a Grande Nação das Galinhas. Como a maioria das conquistas cognitivas humanas, a linguagem é uma faca de dois gumes, responsável tanto por sofrimento quanto por prazer. Nós, como espécie, seríamos mais felizes sem ela? É bem possível. O mundo teria experimentado tanta morte e desgraça se os humanos tivessem permanecido um primata não linguístico? Provavelmente não. A linguagem pode gerar mais sofrimento do que prazer para o reino animal como um todo. A linguagem é vítima do paradoxo do excepcionalismo: ela é o símbolo máximo da singularidade da mente humana e, apesar de sua magnificência, ajudou a gerar mais sofrimento do que prazer para as criaturas deste planeta (incluindo nós mesmos).

E nossa capacidade para as ciências e a matemática? Tal como a linguagem, nossas habilidades matemáticas têm raízes profundas na mente de todos os animais. Hienas-malhadas podem contar quantas hienas existem em grupos rivais, o que as ajuda a decidir se vale a pena entrar em uma luta.[25] Um lebiste recém-nascido é capaz de contar até pelo menos três, preferindo se juntar a um grupo com três peixes, e não com dois, uma habilidade útil quando há segurança de estar em maior número.[26] As abelhas podem contar os pontos de referência que sobrevoam da colmeia até uma fonte de alimento, ajudando-as a encontrar o caminho de volta para um delicioso canteiro de flores, por exemplo, ao contabilizar o número de casas ao longo do caminho.[27] Mas os humanos levaram essas habilidades matemáticas a um novo nível. A equação de campo de Einstein, que explica como o espaço-tempo é deformado pela gravidade, pode ter suas raízes em uma habilidade numérica comum a hienas e abelhas, mas essa semelhança é tão forte quanto a semelhança entre a minha vela de canela e o Sol.

A ciência atua em um nível igualmente sofisticado. É o aprimoramento de nossa capacidade de inferência causal como especialistas em *por quê*. O método científico nos concede as ferramentas para testar hipóteses e descobrir relações de causa e efeito que resultam em ideias que alteram paradigmas, como a teoria microbiana ou a mecânica quântica. Nossa cultura coletiva é construída a partir da ciência e da matemática, e o mundo moderno existe por causa dessas habilidades. Nos animais não humanos, elas só estão presentes em sua forma mais básica.

Então, a ciência e a matemática geram uma quantidade anormal de prazer para nossa espécie? Pode-se dizer que sim. Embora tenham nos trazido morte e destruição (por exemplo, bombas atômicas), a ciência e a matemática também são responsáveis pela medicina moderna e pela produção de alimentos. Então, em média, vimos um aumento no prazer — como espécie — por causa delas. E esse aumento pode significar que nosso cotidiano é um pouco menos infeliz do que o de outras espécies. Em comparação a um humano médio, elas podem passar mais tempo se esforçando para encontrar alimento e abrigo e para combater doenças.

Mas, reitero, a ciência e a matemática nos *trouxeram* a bomba atômica, e as práticas agrícolas mecanizadas nos propiciaram supermercados cheios de bananas, mas também uma atmosfera repleta de carbono. Então nem tudo são flores. Assim como a linguagem, é uma faca de dois gumes. Graças às descobertas técnicas e científicas, o humano médio pode estar melhor agora do que há 100 mil anos, mas o próprio planeta (e as criaturas que vivem nele) está muito pior. Existe muito menos prazer para milhões de espécies atualmente ameaçadas de extinção, em grande parte devido ao comportamento humano.[28] E se acabarmos extintos até o final do século (uma probabilidade de 9,5%), então todo o ganho de prazer terá sido em vão. Nossa capacidade de pensamento científico e nossas habilidades matemáticas são outro exemplo fantástico do paradoxo do excepcionalismo: impressionantes e terríveis na mesma proporção.

## Veredicto final

Os humanos estão vencendo no sentido de que, em média, produzem e experimentam mais prazer do que outras espécies? Antes de responder a essa pergunta, precisamos ter uma discussão franca sobre o que significa "média". Não sou um humano médio. Como um homem branco de meia-idade que vive em um país no topo dos índices de saúde, educação e padrão de vida, sou absurdamente privilegiado. Posso relaxar enquanto bebo meu café importado e observo minhas galinhas de estimação passeando pelo meu quintal sem me preocupar de onde virá minha próxima refeição. Isso é incomum. No momento, uma em cada quatro pessoas que vivem neste planeta está experimentando insegurança alimentar moderada a grave, o que significa que ela não tem como adquirir comida suficiente para uma dieta saudável ou que não tem acesso a qualquer alimento.[29] Apesar das taxas decrescentes de insegurança alimentar desde o início do milênio, ainda é bastante normal que o humano médio não tenha acesso a comida suficiente. No Canadá, minha expectativa de vida é de 82,4 anos, quase uma década a mais do que a média global, de 72,6. E quase trinta anos a mais do que a da República Centro-Africana, que tem a menor expectativa de vida: apenas 53 anos.[30] O humano médio que vive na República Centro-Africana, assolada por uma guerra civil desde 2012 e onde 2,5 milhões de pessoas em uma população de 4,6 milhões precisam de ajuda humanitária,[31] está levando uma vida muito diferente da minha. Aposto que momentos de prazer e felicidade são extremamente raros para cada uma das 14 mil crianças-soldado do país. O humano "médio", portanto, está vivendo uma vida muito mais difícil e menos repleta de prazer do que eu. Por causa do paradoxo da inteligência humana, construímos um mundo em que há extremos em termos de maximização do prazer (meu caso) e deficit de prazer (como na República Centro-Africana). É preciso reconhecer o próprio privilégio de conversar sobre o valor da experiência humana desfrutando de um café da manhã.

Portanto, aqui está o veredicto final. Em comparação a outras espécies, em média, o *Homo sapiens* não tem maior probabilidade de sentir prazer. Quaisquer que sejam as dádivas que nossa capacidade de linguagem, matemática, ciência etc. nos deu, não há evidências de que a minha vida — por mais privilegiada que seja — tenha mais prazer do que a vida de minhas galinhas.

Nem mesmo o mais feliz dos humanos pode superar minhas galinhas no quesito felicidade. Considere a vida de um monge budista que passa o dia em contemplação silenciosa, tendo dominado a capacidade de minimizar o desconforto proveniente de pensamentos ou emoções negativas. Matthieu Ricard, por exemplo, é um monge budista tibetano considerado a pessoa mais feliz do mundo. Digamos que, em seu melhor dia, Ricard experimenta apenas prazer, sem sensações ou pensamentos negativos de qualquer tipo. Seu cérebro está inundado de qualia positivos, deixando-o ciente de que suas necessidades físicas, sociais e emocionais são satisfeitas e que não há nada com que se preocupar. É algo realmente diferente do que minhas galinhas experimentam todos os dias? Talvez elas experimentem poucos, ou nenhum, qualia negativos a cada dia; elas ciscam em uma enorme área fechada (a salvo de predadores) e têm acesso a comida e água de que necessitam. Elas podem se empoleirar no alto (seu lugar favorito para estar à noite) e viver em um grupo social que, de acordo com as pesquisas sobre a cognição social das galinhas, é exatamente a norma para sua espécie (ou seja, um galo, dez galinhas). Assim como Ricard, elas estão vivendo uma vida maximizada de prazer. Ele e minhas galinhas têm mentes impregnadas de prazer. O que significa que qualquer humano que tenha uma vida com menos prazer do que Ricard (por exemplo, eu, você, uma criança-soldado, todos os outros) está tecnicamente perdendo para minhas galinhas no jogo da vida.

Claro, a maneira como minhas galinhas vivem não é a norma para a espécie. Isso também é um produto da inteligência humana e um triste resultado do paradoxo do excepcionalismo. Os seres humanos têm o poder de construir uma vida de maximização do prazer para as galinhas. Mas, geralmente, usamos esse poder para construir muito mais infelicidade para elas do que teria uma galinha "média" que vive em meio à natureza. Como os humanos elaboraram maneiras de otimizar a produção de ovos e carne para maximizar o acesso à comida, eles transformaram a vida das galinhas de criação em um pesadelo. A maioria está presa em gaiolas, privada de se empoleirar, ciscar e socializar. Em geral, as galinhas provavelmente experimentam menos prazer do que os humanos. Mas isso é, paradoxalmente, culpa dos humanos. É resultado da cognição humana gerando mais infelicidade para as galinhas, e não mais felicidade para nós mesmos.

## O futuro da inteligência humana

A mente humana é excepcional. Exibimos uma capacidade que as outras espécies não têm: produzir, de modo intencional, mais prazer para *outras* mentes. Como especialistas em *por que*, dotados de visão episódica e teoria da mente, entendemos que nossas ações podem gerar prazer e sofrimento na mente de outras criaturas, sejam elas humanas ou animais. Entendemos que crianças-soldado e galinhas em gaiolas são infelizes. Sabemos desses fatos e somos capazes de mudá-los. Temos a capacidade cognitiva e tecnológica para construir um mundo que maximiza o prazer para todos os seres humanos, bem como para os animais não humanos. Se quiséssemos, poderíamos inundar o mundo de qualia do prazer. E isso elevaria o valor da inteligência humana além do de outras espécies, que não podem conceber um mundo maximizado de prazer. Se há uma forma pela qual a mente humana é superior à mente dos animais em termos de valor, é nossa capacidade de entender a importância do prazer e querer espalhá-lo o máximo possível. Paradoxalmente, no entanto, não o fazemos.

Uma das razões pelas quais adoro *Star Trek* é a previsão de uma espécie de utopia tecnonerd, na qual os seres humanos vivem harmoniosamente uns com os outros e eliminaram muito do sofrimento diário que experimentamos atualmente. O mundo da maximização do prazer de *Star Trek* é uma fantasia?

Existem duas escolas de pensamento sobre o futuro da espécie humana quando se trata de elaborar uma utopia de maximização do prazer. De um lado, há Steven Pinker, o psicólogo e linguista de Harvard que escreveu extensivamente sobre por que há esperança para nossa espécie quando se trata de melhorar a nós mesmos. Pinker ressalta que os seres humanos têm feito um excelente trabalho em melhorar sua situação graças ao tipo de pensamento iluminista (ou seja, "razão aplicada ao aperfeiçoamento humano"[32]) que dobrou a expectativa de vida média em apenas duzentos anos e reduziu a pobreza global aos níveis atuais (uma baixa histórica). Quando solicitado a especular sobre o futuro de nossa espécie, Pinker é um pouco otimista, argumentando que "os problemas são inevitáveis, mas solucionáveis, e as soluções geram novos problemas que também podem ser resolvidos".[33] Não é uma promessa de utopia inevitável, mas tem um toque de *Star Trek* que transmite mais otimismo do que extinção.

De outro lado, há o filósofo John Gray, que escreveu muitos livros sobre o lugar da humanidade no mundo natural. Gray reconhece o maravilhoso impulso proveniente do pensamento iluminista, que nos deu a tecnologia e a medicina modernas e tudo mais, porém não parece ter muita esperança de que essas vantagens serão suficientes para libertar os humanos do ciclo interminável de miopia prognóstica autodestrutiva. Em seu livro *Cachorros de Palha*, ele escreve:

> O crescimento do conhecimento é real e — salvo uma catástrofe mundial — é, agora, irreversível. Melhorias no governo e na sociedade não são menos reais, mas são temporárias. Não só podem ser perdi-

das, como certamente o serão. A história não é progresso ou declínio, mas ganho e perda recorrentes. O avanço do conhecimento nos ilude, fazendo-nos pensar que somos diferentes dos outros animais, mas nossa história mostra que não somos.

Sim, é possível que quebremos esse ciclo de perda inevitável e vivamos em um futuro tecnologicamente belo como em *Star Trek*, com cidades adamantinas, flutuando acima de florestas tropicais exuberantes e intocadas, em uma Terra rejuvenescida. Um mundo onde a biodiversidade foi restaurada e os seres humanos obtêm seus alimentos de uma agricultura sustentável que não requer tanto o uso da terra ou da água. Um mundo onde eliminamos o sofrimento animal provocado pelas atuais práticas agrícolas. É o sonho da minha filha. Cidades flutuantes. Florestas. Vida.

Ela me contou esse sonho a caminho do encontro de jovens para mudança climática em Halifax. Estávamos dirigindo pela rodovia Trans-Canadá em meu Subaru, passando por novas áreas de desmatamento que pontilhavam a paisagem da Nova Escócia. Nós marchamos pelas ruas em uma multidão enorme — a maior já vista em Halifax —, exigindo que os governos mundiais tomassem medidas para combater as mudanças climáticas. No caminho para casa, paramos para tomar um café e falamos sobre todas as maneiras pelas quais os humanos estão destruindo a Terra e sobre o que precisamos fazer para salvá-la.

Um carro movido a combustível fóssil? Café importado? Desmatamento? Uma manifestação climática? São várias mensagens contraditórias para apenas um dia. Sofro de miopia prognóstica. Todos nós sofremos de miopia prognóstica.

Tenho esperança de que encontraremos uma solução para as iminentes ameaças existenciais. Acredito que podemos elaborar leis que contornem os pontos cegos da tomada de decisão e canalizem ações coletivas para impedir as mudanças climáticas e o colapso ecológico. Espero que a utopia de *Star Trek* que existe dentro de nós se torne uma realidade. Só não sei em que ponto essa esperança se esvai, transformando-se em ilusão.

## Se Nietzsche fosse um Narval

Vamos revisitar nosso velho amigo Nietzsche. Eis o que ele tinha a dizer sobre a felicidade animal:

> Pense nas vacas pastando despreocupadamente: elas não sabem o que significa ontem ou hoje; elas saltitam, comem, descansam, digerem, saltitam novamente e repetem isso dia após dia, de manhã até a noite, acorrentadas ao momento e a seu prazer ou desagrado; portanto, não sentem melancolia nem tédio. É algo difícil de se testemunhar como homem, pois, embora este pense ser melhor do que os animais, por ser um humano, ele não consegue evitar sentir inveja da felicidade deles.[34]

O problema é que Nietzsche estava errado sobre as vacas. Elas não estão "acorrentadas ao momento". As vacas, como a maioria dos animais, fazem planos, embora para um futuro próximo. E elas experimentam melancolia, têm um conceito mínimo de morte e sentem certa tristeza com a perda de amigos e familiares.

Mas ele estava certo em reconhecer sua capacidade de prazer e em invejar sua felicidade. Dependendo da vaca, é provável que ela tenha experimentado mais prazer em sua vida do que o atormentado Nietzsche. Ao contrário de um budista que procura acabar com o sofrimento ao eliminar o desejo, Nietzsche acatou o sofrimento como um caminho para o significado. Para ele, a infelicidade era um mestre digno. Suas capacidades cognitivas humanas — sabedoria da morte, capacidade de inferência causal e aptidão cognitivo-linguística — não lhe trouxeram felicidade. Nem prazer. Apenas o sofrimento pelo qual ele ansiava. No final, Nietzsche teria sido melhor como um narval. E, se pensarmos seriamente em aumentar o prazer e reduzir o sofrimento em escala global — a utopia utilitarista —, o mundo seria melhor se fôssemos todos narvais. Pense na felicidade que se alastraria pelo reino animal se, de repente, parássemos de fazer todas as coisas destrutivas que nos tornam humanos.

Ao contrário do que gostamos de pensar, a inteligência humana não é o milagre da evolução. Nós amamos nossos pequenos feitos — pousos na Lua e megacidades — como os pais amam seu bebê. Mas ninguém ama um bebê tanto quanto os pais. O planeta não nos ama tanto quanto amamos nosso intelecto. Como somos, de fato, excepcionais, embora não necessariamente "bons", geramos mais morte e destruição para a vida neste planeta do que qualquer outro animal, passado e presente. Nossas muitas realizações intelectuais estão no caminho para acarretar a extinção de nossa espécie — a forma como a evolução se livra de adaptações que não prestam. O maior dos paradoxos é termos uma mente excepcional que parece determinada a se destruir. A não ser que consigamos uma solução pinkeriana estilo *Star Trek*, a inteligência humana deixará de existir.

Então, em vez de sentir pena das vacas, das galinhas e dos narvais por eles não terem capacidades cognitivas humanas, reflita sobre o valor dessas capacidades. Você sente mais prazer do que seus animais de estimação devido à presença deles em sua vida? O mundo é um lugar melhor graças à inteligência de nossa espécie? Se respondermos a essas perguntas com honestidade, há um bom motivo para sermos mais humildes. Afinal, dependendo de nosso destino, a inteligência humana pode ser a coisa mais estúpida que já aconteceu.

# Epílogo

*Por que salvar uma lesma?*

No final da primavera, meu jardim da frente fica repleto de lesmas. Seus rastros de gosma brilhantes se espalham por toda a garagem, e algumas delas se abrigam perto do meu carro todas as manhãs. Meu ritual diário envolve uma verificação de lesmas, tirando-as de debaixo dos pneus. Atropelar uma lesma deliberadamente é inimaginável. A meu ver, parece o comportamento de um sociopata.

Essa sempre foi minha sina. Cresci em um lar no qual minha mãe era amiga de todos os animais. Quando eu era pequeno, lembro-me dela dispersando uma multidão que ameaçava pisar em um morcego se debatendo na calçada em frente à farmácia. Minha mãe, que poderia ter recebido o Prêmio Nobel da timidez, gritou para que todos se afastassem. Ela encontrou uma caixa de papelão, pegou o morcego e o resgatou.

Não sei se herdei a mentalidade materna de empatia animal ou se aprendi ao observar sua interação com os animais, mas isso é indiferente. Também sou consumido por uma paralisante empatia pelas criaturas vivas ao meu redor. Em mais de uma ocasião, minha filha se atrasou para a escola devido à minha insistência matinal em verificar as lesmas. E não tolero a atitude de esmagar insetos, o que já resultou em muitas conversas desagradáveis (às vezes até afrontosas) com aracnofóbicos e matadores de moscas ao longo dos anos.

Meu interesse acadêmico na cognição animal foi uma extensão lógica da minha criação. E ele é restringido pelos valores e pelas normas que aprendi durante esses anos. Sempre conduzi pesquisas observacionais — não experimentais — em animais. Nunca coletei dados de animais em cativeiro. Algo dentro de mim considera a ideia de cativeiro problemática. Intelectualmente, posso elaborar inúmeros argumentos sobre a necessidade ou, até mesmo, o benefício do cativeiro para algumas espécies. Há instalações de cativeiro que estão fazendo um bom trabalho, graças à excelente pesquisa e ao foco no bem-estar animal, visando a sua conservação. Outras instalações, onde o entretenimento ofusca o bem-estar, são repugnantes. Mas, de qualquer forma, sinto certo incômodo. Meus colegas sabem disso desde o início de minha carreira, o que não me impediu de pesquisar golfinhos na natureza ou (espero) de contribuir com algo útil para o campo.

No entanto, abro uma exceção: eu mato mosquitos. Para mim, a violência é justificada pela autopreservação. E é nesse ponto que a hipocrisia das convicções vem à tona. Se eu fosse um utilitarista e tivesse essa crença de maximizar o prazer para todas as criaturas, então não deveria apenas poupar os mosquitos, como também permitir que eles sugassem meu sangue. Meu corpo provavelmente resistiria a inúmeras picadas antes que se eles tornassem um problema sério, e eu agradaria milhares de pequenas mentes de mosquitos. Mas isso parece algo absurdo. E não quero fazê-lo.

Todos temos ideias próprias sobre como os animais devem ser tratados. Mas a maioria delas não é particularmente arrazoada ou derivada de alguma avaliação ética complexa. Muitos aprendem a tratar os animais com base na cultura, seja ela social ou familiar. Vivemos de acordo com normas não estabelecidas. Na maior parte do Canadá, por exemplo, comemos porcos, mas não cães. Porém, não há lei que impeça a prática. De fato, se criar cães especificamente para comê-los, você é livre para transformá-los em salsichas, sopas ou o que quer que seja. Ainda assim, o consumo generalizado de cães não existe no Canadá. É apenas uma norma que respeitamos.

Quando eu estava conduzindo pesquisas no Japão, um colega me perguntou se eu queria experimentar um hambúrguer de carne de baleia. Eu recusei. Após uma longa discussão sobre o motivo de eu não comer baleia, questionei se ele consideraria comer um hambúrguer de carne de cachorro. Negativo. Para os japoneses, cães são animais de estimação, e não comida. Ele achava a ideia absurda. Expliquei que o tabu cultural da carne de cachorro no Japão era o mesmo da carne de baleia para muitos norte-americanos. E não precisei apresentar argumentos sobre a inteligência e os níveis populacionais das baleias nem mencionar as práticas cruéis de pesca. A razão pela qual a maioria dos povos norte-americanos não indígenas como eu não come baleias é a ausência de uma (recente) história cultural dessa prática. É um tabu cultural. Muitas vezes, os argumentos éticos seguem esse tabu, como um rastro de gosma segue uma lesma.

É tudo terrivelmente arbitrário. Minhas convicções não fazem muito sentido na prática. Por exemplo, não sou vegetariano. Apesar de passar muito tempo cuidando de minhas galinhas e tentando maximizar sua saúde e felicidade, eu comeria um hambúrguer de frango. Afinal, o frango já foi transformado em hambúrguer. É tarde demais para se preocupar com os níveis de felicidade dele. Claro, eu nunca comeria uma das minhas galinhas se ela morresse; nesse caso, faço um funeral e um enterro adequados. Loucura, não? Não tenho uma estrutura moral uniformemente consistente que define minha relação com os animais em geral. Às vezes, minhas convicções entram em conflito direto e parecem hipócritas.

E não sou o único logicamente inconsistente. Nos Estados Unidos, camundongos, ratos e aves criados para pesquisa não são considerados animais, de acordo com a Lei de Bem-Estar Animal, o que possibilita aos laboratórios de pesquisa contornar as regras de bem-estar em relação a seu tratamento.[1] Cerca de 95% dos animais usados em pesquisas laboratoriais não são abrangidos pela lei federal que, de outra forma, garantiria seu bem-estar. Essa é uma lacuna baseada não em argumentos éticos sobre o sofrimento animal, mas em argumentos legais sobre o valor desses animais para a ciência médica e/ou as partes financeiramente interessadas.

A ciência se envolve em discussões éticas quando buscamos fatos sobre a natureza da mente de animais para nos ajudar a determinar até que ponto eles sofrem. Este livro está repleto de fatos divertidos, que, espero, tenham apresentado novas maneiras de pensar sobre o reino animal. Mas, caso a expectativa fosse ler algo que revelasse de uma vez por todas se é adequado ou não, por exemplo, atropelar lesmas, então você certamente está desapontado. A ciência da mente de animais não pode, por si só, determinar a moralidade de seu comportamento.

Espero ter argumentado de maneira convincente que todos os animais têm consciência: experiência subjetiva que os ajuda a tomar decisões e gera um comportamento. Os animais têm certa compreensão da passagem do tempo e fazem planos para o futuro — geralmente, apenas alguns momentos à frente, mas, por vezes, alguns dias. Eles também têm certa compreensão da morte. Aprendem como o mundo funciona ao acumular informações associativas sobre *o que* e *quando* acontece, embora provavelmente não *por que* acontece. Os animais não desenvolvem comportamento por instinto inflexível, mas por uma combinação de propensões e expectativas incorporadas, que são modificadas pela exposição ao ambiente e pelas informações aprendidas. Os animais podem ser enganosos. Eles têm intenções e objetivos. Os animais têm normas que orientam seu comportamento social, suscitando-lhes ideias sobre o que é justo e como eles (e outros) merecem ser tratados. Todas essas habilidades cognitivas ajudaram animais não humanos a prosperar por milhões de anos. Os bônus cognitivos que ajudam os seres humanos a fazer o que fazem (por exemplo, linguagem, teoria da mente, inferência causal, sabedoria da morte etc.) são adições relativamente novas, e ainda não provaram seu valor para o grande árbitro da utilidade: a seleção natural.

Considerando o que sabemos sobre a cognição animal, sou assim tão louco por salvar as lesmas em minha garagem todas as manhãs? Isso se resume a duas perguntas, ambas significativas para mim. Primeira: como as lesmas experimentam o mundo? Segunda: o que isso nos diz sobre como devemos tratá-las?

As lesmas experimentam o mundo de maneiras que lhes proporcionam desejos e metas, bem como sensações conscientes de prazer, dor, contentamento etc. Eu salvo as lesmas, pois me parece triste descontinuar esses aspectos, ser indiferente a uma mente que, de modo milagroso, surgiu após bilhões de anos de inexistência. Que milagre existir neste mundo e, agora, ter a capacidade de experimentá-lo. Quero fazer minha parte, para garantir que não sou o responsável por acabar com a vida de uma lesma prematuramente.

Espero que este livro ajude os leitores a acatar a ideia de que os animais têm uma pequena mente repleta de qualia, a qual vale a pena levar em consideração. Também espero que eles compreendam que a mente humana não é perfeita nem representa a expressão máxima de grandiosidade, como se nossa percepção de superioridade intelectual justificasse a indiferença ao sofrimento animal.

A maximização do prazer é o objetivo final da vida? Acredito que sim. Ou talvez a maximização da quantidade de amor. Eu sei, mencionar a palavra com A é desconfortável quando você está tentando pensar como um cientista. Mas não condene sua aparição em um livro sobre cognição animal. O amor é apenas o prazer exteriorizado de maneira mais elegante. Seu valor biológico é óbvio. Amo minhas galinhas, e elas podem retribuir esse amor; é isso que nos torna não apenas mais felizes, mas mais saudáveis também. Os animais felizes e saudáveis geram a melhor prole, e isso é tudo o que importa para a evolução. Ela valoriza o amor, pois *nós valorizamos* o amor, mesmo que o Universo não tenha utilidade real para ele. "Aquilo que se faz por amor está sempre além do bem e do mal", escreveu Nietzsche.[2] E eu concordo plenamente, meu amigo.

# NOTAS

## Introdução

1. Nietzsche, F. W. (1964). *Thoughts out of season, part II* (veja "Schopenhauer as Educator"). Trad. A. Collins. Russell and Russell. Publicado no Brasil com o título *Schopenhauer como educador: Considerações extemporâneas III*.
2. "As mentes mais profundas de todos os tempos sentiram compaixão pelos animais, pois eles não têm o poder de voltar a dor do sofrimento contra si mesmos e de entender seu ser metafisicamente." Nietzsche, F. W. (2011). *Thoughts out of season, part II*. Projeto Gutenberg.
3. Nietzsche, F. W. (1997). *Untimely meditations*, trad. R. J. Hollingdale. Publicado no Brasil com o título *Considerações Extemporâneas*.
4. Hemelsoet, D.; Hemelsoet, K.; Devreese, D. (2008). The neurological illness of Friedrich Nietzsche. *Acta neurologica belgica*, 108(1), 9.
5. *Ecce Homo, Crepúsculo dos Ídolos* e *O Anticristo*.
6. Young, J. (2010). *Friedrich Nietzsche: A philosophical biography*. Cambridge University Press, 531.
7. Diethe, C. (2003). *Nietzsche's sister and the will to power: A biography of Elisabeth Förster-Nietzsche* (Vol. 22). University of Illinois Press.
8. Há certa especulação de que os eventos do cavalo de Turim podem ser apócrifos.
9. Hemelsoet, D.; Hemelsoet, K.; Devreese, D. (2008). The neurological illness of Friedrich Nietzsche. *Acta neurologica belgica*, 108(1), 9.
10. Monett, D.; Lewis, C. W. P. (2018). Getting clarity by defining Artificial Intelligence — A Survey. In: Muller, V. C., ed., *Philosophy and Theory of Artificial Intelligence*, 2017, volume SAPERE 44. Springer. 212–214.

## Notas

11. Wang, P. (2008). What do you mean by "AI"? In: Wang, P.; Goertzel, B.; Franklin, S., eds., *Artificial General Intelligence*, 2008. Proceedings of the First AGI Conference, Frontiers in Artificial Intelligence and Applications, volume 171. IOS Press. 362–373.
12. Monett, D.; Lewis, C. W.; Thórisson, K. R. (2020). Introduction to the JAGI Special Issue "On Defining Artificial Intelligence" — Commentaries and Author's Response. *Journal of Artificial General Intelligence, 11*(2), 1–100.
13. Spearman, C. (1904). "General Intelligence", objectively determined and measured. *American Journal of Psychology, 15*(2): 201–293. doi:10.2307/1412107.
14. aip.org/history-programs/niels-bohr-library/oral-histories/30591-1.
15. Lattman, P. (27 de setembro de 2007). The origins of Justice Stewart's "I know it when I see it". *Wall Street Journal*. LawBlog. Acesso em: 31 dez. 2014.
16. Diethe, C. (2003). *Nietzsche's sister and the will to power: A biography of Elisabeth Förster-Nietzsche* (Vol. 22). University of Illinois Press.
17. Salmi, H. (1994). Die Sucht nach dem germanischen Ideal. Bernhard Förster (1843–1889) als Wegbereiter des Wagnerismus. *Zeitschrift für Geschichtswissenschaft, 6*, 485–496.
18. Ellison, K. (10 de setembro de 1998). A pureza racial se esvai no contexto da selva: os fundadores consideravam seu assentamento paraguaio como um lugar que geraria uma raça de super-homens arianos. Mas eles não levaram em conta doenças, calor e endogamia. *The Baltimore Sun*. Disponível em: <baltimoresun.com/news/bs-xpm-1998-09-10-1998253112-story.html>.
19. Leiter, B. (21 de dezembro de 2015). Nietzsche's Hatred of "Jew Hatred". Resenha de *Nietzsche's Jewish problem: Between antiSemitism and anti-Judaism*, de Robert C. Holub. *The New Rambler*.
20. Nietzsche, F. W. (1901). *Der wille zur macht: versuch einer umwerthung aller werthe (studien und fragmente)*. Vol. 15. CG Naumann.
21. Macintyre, B. (2013). *Forgotten fatherland: The search for Elisabeth Nietzsche*. A&C Black.
22. Santaniello, W. (2012). *Nietzsche, God, and the Jews: His critique of Judeo-Christianity in relation to the Nazi myth*. SUNY Press.
23. Golomb, J.; Wistrich, R. S. (Eds.). (2009). *Nietzsche, godfather of fascism?: On the uses and abuses of a philosophy*. Princeton University Press.

24. Southwell, G. (2009). *A beginner's guide to Nietzsche's Beyond Good and Evil.* John Wiley & Sons.
25. Nietzsche, F. W. (2018). *The twilight of the idols.* Jovian Press. Publicado no Brasil com o título *Crepúsculo dos Ídolos.*
26. Dan Ahern, meu vizinho e estudioso de Nietzsche, o descreve como um "cara legal, gentil e bem-educado — não um misantropo, como seria de se esperar".
27. United States Holocaust Memorial and Museum. (4 de fevereiro de 2019). Documenta o número de vítimas do Holocausto e da perseguição nazista.

## Capítulo 1

1. Nietzsche, F. W. (1887). *Die fröhliche Wissenschaft: ("La gaya scienza").* E. W. Fritzsch. Traduzido deste trecho: "Der Mensch ist allmählich zu einem phantastischen Tiere geworden, welches eine Existenz-Bedingung mehr als jedes andre Tier zu erfüllen hat: der Mensch muß von Zeit zu Zeit glauben, zu wissen, warum er existiert."
2. Obrigado a David Hill por escrever sobre Mike no the Ringer: Hill, D. (16 de fevereiro de 2021). The beach bum who beat Wall Street and made millions on GameStop. The Ringer. theringer.com/2021/2/16/22284786/gamestopstockwallstreetshort-squeeze-beach-volleyball-referee.
3. Gilbert, B. (23 de janeiro de 2020). The world's biggest video game retailer, GameStop, is dying: Here's what led to the retail giant's slow demise. *Business Insider.* businessinsider.com/gamestop-worlds-biggest-video--game-retailer-decline-explained-2019-7.
4. markets.businessinsider.com/news/stocks/gamestop-stock-price-retail--traders-shorts-citron-andrew-left-gme-2021-1-1029994276.
5. King, M. (13 de janeiro de 2013). Investments: Orlando is the cat's whiskers of stock picking. *The Guardian.* theguardian.com/money/2013/jan/13/investments-stock-picking.
6. Video game Michael Pachter analyst weighs in on GameStop's earnings call. (26 de março de 2021). CNBC. youtube.com/watch?v=fOJV_qa-J2ew.
7. McBrearty, S.; Jablonski, N. G. (2005). First fossil chimpanzee. *Nature, 437*(7055), 105–108.

# Notas

8. Karmin, M., et al. (2015). A recent bottleneck of Y chromosome diversity coincides with a global change in culture. *Genome Research, 25*(4), 459-466.
9. A forma exata (embora não o tamanho) do cérebro humano se estabeleceria entre 100 mil e 35 mil anos atrás, mas nossos parentes de Baringo eram, sem dúvida, bastante cognitivamente semelhantes aos humanos modernos. Veja: Neubauer, S.; Hublin, J. J.; Gunz, P. (2018). The evolution of modern human brain shape. *Science Advances, 4*(1), eaao5961.
10. Zihlman, A. L.; Bolter, D. R. (2015). Body composition in Pan paniscus compared with Homo sapiens has implications for changes during human evolution. *Proceedings of the National Academy of Sciences, 112*(24), 7466-7471.
11. bbc.com/earth/story/20160204-why-do-humans-have-chins.
12. Brown, K. S., et al. (2009). Fire as an engineering tool of early modern humans. *Science, 325*(5942), 859-862.
13. Aubert, M., et al. (2019). Earliest hunting scene in prehistoric art. *Nature, 576*(7787), 442-445.
14. Culotta, Elizabeth. (2009). On the origin of religion. *Science, 326*(5954). 784-787. 10.1126/science.326_784.
15. Snir, A., et al. (2015). The Origin of Cultivation and ProtoWeeds, Long Before Neolithic Farming. *PLOS ONE, 10*(7): e0131422 DOI: 10.1371/journal.pone.0131422.
16. *Burrowing bettong*. (s.d.). Australian Wildlife Conservancy. australianwildlife.org/wildlife/burrowing-bettong/.
17. Tay, N. E.; Fleming, P. A.; Warburton, N. M.; Moseby, K. E. (2021). Predator exposure enhances the escape behaviour of a small marsupial, the burrowing bettong. *Animal Behaviour, 175*, 45-56.
18. Visalberghi, E.; Tomasello, M. (1998). Primate causal understanding in the physical and psychological domains. *Behavioural Processes, 42*(2-3), 189-203.
19. Suddendorf, T. (2013). *The gap: The science of what separates us from other animals*. Constellation.
20. Millikan, R. (2006). Styles of rationality. In: S. Hurley; M. Nudds (Eds.). *Rational animals?*, 117-126.
21. Jacobs, I. F.; Osvath, M. (2015). The string-pulling paradigm in comparative psychology. *Journal of Comparative Psychology, 129*(2), 89.

22. Heinrich, B. (1995). An experimental investigation of insight in common ravens (Corvus corax). *The Auk*, *112*(4), 994–1003.
23. Taylor, A. H., et al. (2010). An investigation into the cognition behind spontaneous string pulling in New Caledonian crows. *PloS one*, *5*(2), e9345.
24. Völter, C. J.; Call, J. (2017). Causal and inferential reasoning in animals. In: G. M Burghardt; I. M. Pepperberg; C. T. Snowdon; T. Zentall (Eds). *APA handbook of comparative psychology Vol. 2: Perception, learning, and cognition*. American Psychological Association, 643–671.
25. Owuor, B. O.; Kisangau, D. P. (2006). Kenyan medicinal plants used as antivenin: a comparison of plant usage. *Journal of Ethnobiology and Ethnomedicine*, *2*(1), 7.
26. Luft, D. (2020). Medieval Welsh medical texts. Volume one: the recipes. University of Wales Press, 96 (Welsh text on 97).
27. Harrison, F., et al.. (2015). A 1,000-year-old antimicrobial remedy with antistaphylococcal activity. MBio, 6(4).
28. Mann, W. N. (1983). G. E. R. Lloyd (ed.). Hippocratic writings. Traduzido por J. Chadwick. Penguin, 262.
29. A mecânica de como isso funciona não é exatamente clara. O veneno de cobra era considerado quente por Avicena e outros especialistas em humorismo. Os traseiros de frango também eram considerados quentes por Avicena, potencialmente porque esses traseiros produziam fezes — e todo esterco e fezes eram considerados quentes. Então, talvez o traseiro de frango coberto de esterco atraía o veneno, pois ambos eram quentes? Minha esposa é especialista nessas coisas e me aconselhou a não especular para não entrar em conflito com os medievalistas. Há muita informação sobre esse assunto nos seguintes artigos: Walker-Meikle, K. (2014). Toxicology and treatment: medical authorities and snake-bite in the middle ages. *Korot*, 22: 85–104. Vries, R. de (2019). A short tract on medicinal uses for animal dung. *North American Journal of Celtic Studies*, *3*(2), 111–136.
30. Collier, R. (2009). Legumes, lemons and streptomycin: A short history of the clinical trial. *Canadian Medical Association Journal*, *180*(1): 23–24.
31. Schloegl, C.; Fischer, J. (2017). Causal reasoning in nonhuman animals. *The Oxford Handbook of Causal Reasoning*, 699–715.
32. Huffman, M. A. (1997). Current evidence for self-medication in primates: A multidisciplinary perspective. *American Journal of Physical An-

*thropology: The Official Publication of the American Association of Physical Anthropologists, 104*(S25), 171–200.

33. pnas.org/content/111/49/17339.
34. Levenson, R. M.; Krupinski, E. A.; Navarro, V. M.; Wasserman, E. A. (2015). Pigeons (Columba livia) as trainable observers of pathology and radiology breast cancer images. *PloS one, 10*(11), e0141357.
35. Morton, S. G.; Combe, G. (1839). *Crania Americana; or, a comparative view of the skulls of various aboriginal nations of North and South America: to which is prefixed an essay on the varieties of the human species*. Philadelphia: J. Dobson; Londres: Simpkin, Marshall.
36. Cotton-Barratt, O., et al. (2016). Global catastrophic risks. A report of the Global Challenges Foundation/Global Priorities Project.

## Capítulo 2

1. Nietzsche, F. W. (2015). *Über Wahrheit und Lüge im außermoralischen Sinn: ("Was bedeutet das alles?")*. Reclam Verlag. Traduzido deste trecho: "Was ist also Wahrheit? Ein bewegliches Heer von Metaphern, Metonymien, Anthropomorphismen, kurz eine Summe von menschlichen Relationen, die, poetisch und rhetorisch gesteigert, übertragen, geschmückt wurden und die nach langem Gebrauch einem Volke fest, kanonisch und verbindlich dünken: die Wahrheiten sind Illusionen, von denen man vergessen hat, daß sie welche sind."
2. Bogus Lancashire vet jailed after botched castration. (11 de janeiro de 2010).BBCNews.news.bbc.co.uk/2/hi/uk_news/england/merseyside/8453020.stm.
3. Tozer, J.; Hull, L. (12 de janeiro de 2010). Bogus doctor and vet who conned patients out of more than £50,000 jailed for 2 years. *The Daily Mail*. dailymail.co.uk/news/article-1242375/Bogus-doctor-conned-patients-50-000-pay-child-maintenance-jailed.html.
4. The man who exposed bogus GP Russell Oakes speaks. (12 de janeiro de 2010). *Liverpool Echo*. liverpoolecho.co.uk/news/liverpool-news/man-who-exposed-bogus-gp-3433329.
5. Equine osteopath used forged degree to register as a vet. (20 de março de 2008). *Horse & Hound*. horseandhound.co.uk/news/equine-osteopath-used-forged-degree-to-register-as-a-vet-199362.

6. The man who exposed bogus GP Russell Oakes speaks. (12 de janeiro de 2010). *Liverpool Echo.* liverpoolecho.co.uk/news/liverpool-news/man-who-exposed-bogus-gp-3433329.

7. Bogus Lancashire vet jailed after botched castration. (11 de janeiro de 2010). BBC News. http://news.bbc.co.uk/2/hi/uk_news/england/merseyside/8453020.stm.

8. How bogus GP Russell Oakes made others in Merseyside believe his lies. (12 de janeiro de 2010). *Liverpool Echo.* liverpoolecho.co.uk/news/liverpool-news/how-bogus-gp-russell-oakes-3433327.

9. Fraudulent vet: The bigger picture (junho de 2010). RCVS News. The Newsletter of the Royal College of Veterinary Surgeons.

10. Souchet, J.; Aubret, F. (2016). Revisiting the fear of snakes in children: the role of aposematic signalling. *Scientific reports,* 6(1), 1–7.

11. Merriam-Webster. (s.d.). Aichmophobia. In: Merriam-Webster.com dictionary. merriam-webster.com/dictionary/aichmophobia.

12. Nietzsche, F. W. (1994). *Nietzsche: "On the genealogy of morality" and other writings.* Cambridge University Press. Publicado no Brasil com o título *Genealogia da Moral.*

13. Gallup, G. G. (1973). Tonic immobility in chickens: Is a stimulus that signals shock more aversive than the receipt of shock? *Animal Learning & Behavior,* 1(3), 228–232.

14. Veja: Byrne, R. W.; Whiten, A. (1985). Tactical deception of familiar individuals in baboons (Papio ursinus). *Animal Behaviour,* 33(2), 669–673. E também: Whiten, A.; Byrne, R. W. (1988). Tactical deception in primates. *Behavioral and brain sciences,* 11(2), 233–244.

15. Brown, C.; Garwood, M. P.; Williamson, J. E. (2012). It pays to cheat: tactical deception in a cephalopod social signalling system. *Biology letters,* 8(5), 729–732.

16. Heberlein, M. T.; Manser, M. B.; Turner, D. C. (2017). Deceptivelike behaviour in dogs (Canis familiaris). *Animal Cognition,* 20(3), 511–520.

17. *Teoria da mente* é um termo cunhado em 1978 por David Premack e Guy Woodruff: Premack, D.; Woodruff, G. (1978). Does the chimpanzee have a theory of mind? *Behavioral and Brain Sciences,* 1(4), 515–526.

18. Krupenye, C.; Call, J. (2019). Theory of mind in animals: Current and future directions. *Wiley Interdisciplinary Reviews: Cognitive Science,* 10(6), e1503.

19. Krupenye, C., et al. (2016). Great apes anticipate that other individuals will act according to false beliefs. *Science, 354*(6308), 110-114.
20. Oesch, N. (2016). Deception as a derived function of language. *Frontiers in Psychology, 7,* 1485.
21. A história de Leo Koretz que estou contando aqui pode ser encontrada no livro incrivelmente fundamentado *Empire of Deception,* de Dean Jobb (Harper Avenue, 2015).
22. Levine, T. R. (2019). *Duped: Truth-default theory and the social science of lying and deception.* University of Alabama Press.
23. Serota, K. B.; Levine, T. R.; Boster, F. J. (2010). The prevalence of lying in America: Three studies of self-reported lies. *Human Communication Research, 36*(1), 2-25.
24. Curtis, D. A.; Hart, C. L. (2020). Pathological lying: Theoretical and empirical support for a diagnostic entity. *Psychiatric Research and Clinical Practice,* appi-prcp.
25. Paige, L. E.; Fields, E. C.; Gutchess, A. (2019). Influence of age on the effects of lying on memory. *Brain and Cognition, 133,* 42-53.
26. Esse é um método real para interrogar uma testemunha. Veja: Walczyk, J. J.; Igou, F. D.; Dixon, L. P.; Tcholakian, T. (2013). Advancing lie detection by inducing cognitive load on liars: a review of relevant theories and techniques guided by lessons from polygraph-based approaches. *Frontiers in Psychology, 4,* 14.
27. Chandler, M.; Fritz, A. S.; Hala, S. (1989). Small-scale deceit: Deception as a marker of two-, three-, and four-year-olds' early theories of mind. *Child Development, 60*(6), 1263-1277.
28. Talwar, V.; Lee, K. (2008). Social and cognitive correlates of children's lying behavior. *Child Development, 79*(4), 866-881.
29. Jensen, L. A.; Arnett, J. J.; Feldman, S. S.; Cauffman, E. (2004). The right to do wrong: Lying to parents among adolescents and emerging adults. *Journal of Youth and Adolescence, 33*(2), 101-112.
30. Knox, D.; Schacht, C.; Holt, J.; Turner, J. (1993). Sexual lies among university students. *College Student Journal, 27*(2), 269-272.
31. Veja definições em: Petrocelli, J. V. (2018). Antecedents of bullshitting. *Journal of Experimental Social Psychology, 76,* 249-258. E: Turpin, M. H., et al. (2021). Bullshit Ability as an Honest Signal of Intelligence. *Evolutionary Psychology, 19*(2), 14747049211000317.
32. Em 2005, *veracidade* foi famosamente apresentada ao mundo por Stephen Colbert, no *The Colbert Report,* e, em 2006, foi anunciada como

a palavra do ano do Dicionário Merriam-Webster. A definição fornecida aqui é do Dicionário Oxford.

33. Turpin, M. H., et al. (2021). Bullshit ability as an honest signal of intelligence. *Evolutionary Psychology, 19*(2), 14747049211000317.
34. Templer, K. J. (2018). Dark personality, job performance ratings, and the role of political skill: An indication of why toxic people may get ahead at work. *Personality and Individual Differences, 124,* 209–214.
35. Templer, K. (2018). Why do toxic people get promoted? For the same reason humble people do: Political skill. *Harvard Business Review, 10.*
36. cnn.com/2017/10/17/politics/russian-oligarch-putin-chef-troll-factory/index.html.
37. Rosenblum, N. L.; Muirhead, R. (2020). *A lot of people are saying: The new conspiracism and the assault on democracy.* Princeton University Press.
38. Departamento de Justiça dos Estados Unidos. (2018). Grand jury indicts thirteen Russian individuals and three Russian companies for scheme to interfere in the United States political system. Departamento de Justiça.
39. Broniatowski, D. A., et al. (2018). Weaponized health communication: Twitter bots and Russian trolls amplify the vaccine debate. *American Journal of Public Health, 108*(10), 1378–1384.
40. Reinhart, R. (14 de janeiro de 2020). Fewer in US continue to see vaccines as important. *Gallup.*
41. callingbullshit.org/syllabus.html.
42. Bergstrom, C. T.; West, J. D. (2020). *Calling bullshit: The art of skepticism in a data-driven world.* Random House.
43. Henley, J. (29 de janeiro de 2020). How Finland starts its fight against fake news in primary schools. *The Guardian.* theguardian.com/world/2020/jan/28/fact-from-fiction-finlands-new-lessons-in-combating-fake-news.
44. Lessenski, M. (2019). Just think about it. Findings of the Media Literacy Index 2019. Open Society Institute Sofia. osis.bg/?p=3356&lang=en.
45. Para métodos úteis sobre detecção de lorota, confira o capítulo "A arte refinada de detectar mentiras", no livro de 1995 de Carl Sagan, *O Mundo Assombrado pelos Demônios,* e o livro *The Life-Changing Science of Detecting Bullshit,* do psicólogo social John Petrocelli.

# Notas

## Capítulo 3

1. Nietzsche, F. W. (1887). *Die fröhliche Wissenschaft: ("La gaya scienza")*. E. W. Fritzsch. Traduzido deste trecho: "Wie seltsam, daß diese einzige Sicherheit und Gemeinsamkeit fast gar nichts über die Menschen vermag und daß sie am weitesten davon entfernt sind, sich als die Brüderschaft des Todes zu fühlen!"
2. Selk, A. (12 de agosto de 2018). Update: Orca abandons body of her dead calf after a heartbreaking, weeks-long journey. *The Washington Post*. washingtonpost.com/news/animalia/wp/2018/08/10/the-stunning-devastating-weeks-long-journey-of-an-orca-and-her-dead-calf/.
3. Orcas now taking turns floating dead calf in apparent mourning ritual. (31 de julho de 2018). CBC Radio. cbc.ca/radio/asithappens/as-it-happens-tuesday-edition-1.4768344/orcas-now-appear-to-be-taking-turns-floating-dead-calf-in-apparent-mourning-ritual-1.4768349.
4. Mapes, L. W. (8 de agosto de 2018). "I am sobbing": Mother orca still carrying her dead calf—16 days later. *The Seattle Times*. seattletimes.com/seattle-news/environment/i-am-sobbing-mother-orca-still-carrying-her-dead-calf-16-days-later/.
5. Howard, J. (14 de agosto de 2018). The "grieving" orca mother? Projecting emotions on animals is a sad mistake. *The Guardian*. theguardian.com/commentisfree/2018/aug/14/grieving-orca-mother-emotions-animals-mistake.
6. Darwin, C. (1871). *The descent of man*. Londres, Reino Unido: John Murray. Publicado no Brasil com o título *A descendência do homem*.
7. King, B. J. (2013). *How animals grieve*. University of Chicago Press.
8. Gonçalves, A.; Biro, D. (2018). Comparative thanatology, an integrative approach: exploring sensory/cognitive aspects of death recognition in vertebrates and invertebrates. *Philosophical Transactions of the Royal Society B: Biological Sciences*, 373(1754), 20170263.
9. Mayer, P. (27 de maio de 2013). Questions for Barbara J. King, author of "How animals grieve". NPR. npr.org/2013/05/27/185815445/questions-for-barbara-j-king-author-of-how-animals-grieve.
10. Monsó, S.; Osuna-Mascaró, A. J. (2021). Death is common, so is understanding it: the concept of death in other species. *Synthese*, 199, 2251–2275.

11. Monsó, S.; Osuna-Mascaró, A. J. (2021). Death is common, so is understanding it: the concept of death in other species. *Synthese*, 199, 2251–2275.
12. Nietzsche, F. W. (1997). *Untimely Meditations*, trad. R. J. Hollingdale. Publicado no Brasil com o título *Considerações Extemporâneas*.
13. de Winter, N. J., et al. (2020). Subdaily-scale chemical variability in a Torreites sanchezi rudist shell: Implications for rudist paleobiology and the Cretaceous day-night cycle. *Paleoceanography and Paleoclimatology, 35*(2), e2019PA003723.
14. Veja este livro brilhante para obter mais informações sobre sono: Walker, M. (2017). *Why we sleep: Unlocking the power of sleep and dreams*. Simon and Schuster. Publicado no Brasil com o título *Por Que Nós Dormimos: A nova ciência do sono e do sonho*.
15. Suddendorf, T.; Corballis, M. C. (2007). The evolution of foresight: What is mental time travel, and is it unique to humans? *Behavioral and brain sciences, 30*(3), 299–313.
16. Adaptado de uma definição fornecida por: Hudson, J. A.; Mayhew, E. M.; Prabhakar, J. (2011). The development of episodic foresight: Emerging concepts and methods. *Advances in Child Development and Behavior, 40*, 95–137.
17. Meus agradecimentos a Marianna Di Paolo, diretora do WRMC Shoshoni Language Project & Center for American Indian Languages da Universidade de Utah. Ela confirmou o nome Shoshoni para esse pássaro e observou que "a palavra tookottsi é amplamente usada em todo o território Shoshone e, provavelmente, remonta a mais de mil anos".
18. Ogden, L. (11 de novembro de 2016). Better know a bird: The Clark's nutcracker and its obsessive seed hoarding. *Audubon*. audubon.org/news/better-know-bird-clarks-nutcracker-and-its-obsessive-seed-hoarding.
19. Hutchins, H. E.; Lanner, R. M. (1982). The central role of Clark's nutcracker in the dispersal and establishment of whitebark pine. *Oecologia, 55*(2), 192–201.
20. Balda, R. P.; Kamil, A. C. (1992). Long-term spatial memory in Clark's nutcracker, Nucifraga columbiana. *Animal Behaviour, 44*(4), 761–769.
21. Suddendorf, T.; Redshaw, J. (2017). Anticipation of future events. *Encyclopedia of Animal Cognition and Behavior*, 1–9.

22. McCambridge F. (s.d.). This is why chimpanzees throw their poop at us. The Jane Goodall Institute of Canada. janegoodall.ca/our-stories/why-chimpanzees-throw-poop-at-us/.
23. Osvath, M. (2009). Spontaneous planning for future stone throwing by a male chimpanzee. *Current Biology, 19*(5), R190–R191.
24. Osvath, M.; Karvonen, E. (2012). Spontaneous innovation for future deception in a male chimpanzee. *PloS One, 7*(5), e36782.
25. Osvath, M. (2010). Great ape foresight is looking great. *Animal Cognition, 13*(5), 777–781.
26. Biotechnology and Biological Sciences Research Council. (26 de fevereiro de 2007). Birds found to plan for the future. *ScienceDaily.* sciencedaily.com/releases/2007/02/070222160144.htm.
27. Raby, C. R.; Alexis, D. M.; Dickinson, A.; Clayton, N. S. (2007). Planning for the future by western scrub-jays. *Nature, 445*(7130), 919–921.
28. Anderson, J. R.; Biro, D.; Pettitt, P. (2018). Evolutionary thanatology. *Philosophical Transactions of the Royal Society B: Biological Sciences, 373*(1754): 20170262.
29. Anderson, J. R. (2018). Chimpanzees and death. *Philosophical Transactions of the Royal Society B: Biological Sciences, 373*(1754), 20170257.
30. Varki, A.; Brower, D. (2013). *Denial: Self-deception, false beliefs, and the origins of the human mind.* Hachette UK.
31. Varki, A. (2009). Human uniqueness and the denial of death. *Nature, 460*(7256), 684.
32. Becker, E. (1997). *The denial of death.* Simon and Schuster. Publicado no Brasil com o título *A negação da morte.*
33. Depression. (13 de setembro de 2021). Organização Mundial da Saúde. who.int/news-room/fact-sheets/detail/depression.

**Capítulo 4**

1. Nietzsche, F. W. (1881). *Morgenröthe.* Traduzido deste trecho: "Wir halten die Tiere nicht für moralische Wesen. Aber meint ihr denn, daß die Tiere uns für moralische Wesen halten? — Ein Tier, welches reden konnte, sagte: »Menschlichkeit ist ein Vorurteil, an dem wenigstens wir Tiere nicht leiden."

2. Para uma descrição do incidente de Sakai, leia Bargen, D. G. (2006). *Suicidal honor: General Nogi and the writings of Mori Ogai and Natsume Soseki*. University of Hawaii Press.
3. De Waal, F. (2013) *The bonobo and the atheist: In search of humanism among the primates*. W. W. Norton.
4. Uma descrição desse comportamento pode ser encontrada em de Waal, F. B. M.; R. Ren (1988). Comparison of the reconciliation behavior of stumptail and rhesus macaques. *Ethology*, 78: 129–142.
5. Vi essa definição pela primeira vez em uma apresentação de Westra durante a conferência online de junho de 2021, organizada por Andrews e Westra e chamada Normative Animals Online Conference. Ela também aparece em um artigo científico de Andrews e Westra intitulado "A New Framework for the Psychology of Norms".
6. Alguns filósofos e cientistas do comportamento animal usam o termo "moral" para descrever animais que dependem desses sentimentos/emoções mais sofisticados para chegar a normas comportamentais. No livro *Wild Justice*, o etólogo cognitivo Marc Bekoff e a filósofa Jessica Pierce citam altruísmo, tolerância, perdão e justiça como sentimentos que orientam o comportamento normativo dos animais, que, a seu ver, são complexos o suficiente para se elevar ao nível de moralidade. Bekoff, M.; Pierce, J. (2009). *Wild justice: The moral lives of animals*. University of Chicago Press. Em seu livro *Can Animals Be Moral*, o filósofo Mark Rowlands argumenta que "os animais agem moralmente no sentido de que podem se comportar com base em emoções morais". Essas emoções morais incluem o senso de justiça descrito por Brosnan e de Waal para os macacos, bem como "simpatia, compaixão, bondade, tolerância e paciência, e também seus opostos, como raiva, indignação, maldade e rancor". Rowlands, M. (2015). *Can animals be moral?* Oxford University Press.
7. Hsu, M.; Anen, C.; Quartz, S. R. (2008). The right and the good: distributive justice and neural encoding of equity and efficiency. *Science, 320*(5879), 1092–1095.
8. Reingberg, S. (2008). Fairness is a hard-wired emotion. ABC News. abcnews.go.com/Health/Healthday/story?id=4817130&page=1.
9. De Waal, F. (2013). *The bonobo and the atheist: In search of humanism among the primates*. W. W. Norton.
10. Antigo Testamento (Levítico 11:27).

# Notas

11. Tomasello, M. (2016). *A natural history of human morality*. Harvard University Press.
12. Boesch, C. (2005). Joint cooperative hunting among wild chimpanzees: Taking natural observations seriously. *Behavioral and Brain Sciences, 28*(5), 692–693.
13. Truth and Reconciliation Commission of Canada. (2015). *Honouring the truth, reconciling for the future: Summary of the final report of the Truth and Reconciliation Commission of Canada*. Canadá: McGill-Queen's University Press.
14. Truth and Reconciliation Commission of Canada. (2015). *Honouring the truth, reconciling for the future: Summary of the final report of the Truth and Reconciliation Commission of Canada*. Canadá: McGill-Queen's University Press.
15. Graham, E. (1997). *The mush hole: Life at two Indian residential schools*. Heffle Pub.
16. cbc.ca/news/canada/toronto/mississauga-pastor-catholic-church-residential-schools-1.6077248.
17. Wolfe, R. (1980). Putative threat to national security as a Nuremberg defense for genocide. *The Annals of the American Academy of Political and Social Science, 450*(1), 46–67.
18. Rheault, D. (2011). Solving the "Indian problem": Assimilation laws, practices & Indian residential schools. *Ontario Metis Family Records Center*.
19. Wrangham, R. W.; Peterson, D. (1996). *Demonic males: Apes and the origins of human violence*. Houghton Mifflin Harcourt.
20. Hrdy, S. B. (2011). *Mothers and others*. Harvard University Press.
21. Associated Press. (8 de fevereiro de 1968). Major describes moves. Associated Press.
22. Hrdy, S. B. (2011). *Mothers and others*. Harvard University Press.
23. Young, L. C.; Zaun, B. J.; VanderWerf, E. A. (2008). Successful same-sex pairing in Laysan albatross. *Biology Letters, 4*(4), 323–325.
24. Resko, J. A., et al. (1996). Endocrine correlates of partner preference behavior in rams. *Biology of Reproduction, 55*(1), 120–126.
25. Leupp, Gary P. *Male colors*. University of California Press, 1995.
26. economist.com/open-future/2018/06/06/how-homosexuality-became-a-crime-in-the-middle-east.

27. Glassgold, J. M., et al. (2009). Report of the American Psychological Association Task Force on appropriate therapeutic responses to sexual orientation. *American Psychological Association*.
28. Flores, A. R.; Langton, L.; Meyer, I. H.; Romero, A. P. (2020). Victimization rates and traits of sexual and gender minorities in the United States: Results from the National Crime Victimization Survey, 2017. *Science Advances, 6*(40), eaba6910.
29. Traduzido de wciom.ru/analytical-reviews/analiticheskii-obzor/teoriya-zagovora-protiv-rossii-.
30. nbcnews.com/feature/nbc-out/1-5-russians-want-gays-lesbians-eliminated-survey-finds-n1191851.
31. Graham, R., et al. (2011). The health of lesbian, gay, bisexual, and transgender people: Building a foundation for better understanding. Washington, D.C.: Institute of Medicine.
32. Gates, G. J. (2011). How many people are lesbian, gay, bisexual and transgender? The Williams Institute.

## Capítulo 5

1. Nietzsche, F. W. (1977). *Nachgelassene Fragmente: Juli 1882 bis Winter 1883-1884*. Walter de Gruyter. Traduzido deste trecho: "Was kümmert mich das Schnurren dessen, der nicht lieben kann, gleich der Katze."
2. Nagel, T. (1974). What is it like to be a bat? *Philosophical Review, 83*, 435–450.
3. Dennett, D. C. (1988). Quining Qualia. In: Marcel, A.; Bisiach, E. (eds.) *Consciousness in Modern Science,* Oxford University Press.
4. van Giesen, L.; Kilian, P. B.; Allard, C. A.; Bellono, N. W. (2020). Molecular basis of chemotactile sensation in octopus. *Cell, 183*(3), 594–604.
5. The Cambridge Declaration on Consciousness (Arquivo). (7 de julho de 2012). Escrita por Low, P. e editada por Panksepp, J.; Reiss, D.; Edelman, D.; Van Swinderen, B.; Low, P.; Koch, C. Universidade de Cambridge.
6. Siegel, R. K.; Brodie, M. (1984). Alcohol self-administration by elephants. *Bulletin of the Psychonomic Society, 22*(1), 49–52.
7. Bastos, A. P., et al. (2021). Self-care tooling innovation in a disabled kea (Nestor notabilis). *Scientific Reports, 11*(1), 1–8.

# Notas

8. Corlett, E. (10 de setembro de 2021). "He has adapted": Bruce the disabled New Zealand parrot uses tools for preening. *The Guardian*. theguardian.com/environment/2021/sep/10/the-disabled-new-zealand-parrot-kea-using-tools-for-preening-aoe.
9. Edelman, D. B.; Seth, A. K. (2009). Animal consciousness: a synthetic approach. *Trends in Neurosciences, 32*(9), 476–484.
10. Chittka, L.; Wilson, C. (2019). Expanding consciousness. *American Scientist, 107*, 364–369.
11. Queen Mary, University of London. (18 de novembro de 2009). Bigger not necessarily better, when it comes to brains. ScienceDaily. sciencedaily.com/releases/2009/11/091117124009.htm.
12. Barron, A. B.; Klein, C. (2016). What insects can tell us about the origins of consciousness. *Proceedings of the National Academy of Sciences, 113*(18), 4900–4908.
13. Loukola, O. J.; Perry, C. J.; Coscos, L.; Chittka, L. (2017). Bumblebees show cognitive flexibility by improving on an observed complex behavior. *Science, 355*(6327), 833–836.
14. Chittka, L. (2017). Bee cognition. *Current Biology, 27*(19), R1049–R1053.
15. Shohat-Ophir, et al. (2012). Sexual deprivation increases ethanol intake in Drosophila. *Science, 335*(6074), 1351–1355.
16. Chittka, L.; Wilson, C. (2019). Expanding consciousness. *American Scientist, 107*, 364–369.
17. Barron, A. B.; Klein, C. (2016). What insects can tell us about the origins of consciousness. *Proceedings of the National Academy of Sciences, 113*(18), 4900–4908.
18. Esse modelo mental de show improvisado é vagamente baseado na Teoria do Espaço de Trabalho Global, proposta por Bernard Baars. Veja Baars, B. J. (1997). *In the Theater of Consciousness*. Oxford University Press.
19. Langer, S. K. (1988). *Mind: An essay on human feeling (abridged edition)*. Baltimore, MD: Johns Hopkins University Press.
20. Panksepp, J. (2004). *Affective neuroscience: The foundations of human and animal emotions*. Oxford University Press.
21. Davis, K. L.; Montag, C. (2019). Selected principles of Pankseppian affective neuroscience. *Frontiers in Neuroscience, 12*, 1025.

22. Veja a discussão sobre sentimentos versus emoções em *Mama's Last Hug*, de Frans de Waal. De Waal, F. (2019). *Mama's last hug: Animal emotions and what they tell us about ourselves*. W. W. Norton & Company.
23. foodplot. (8 de março de 2011). Denver official guilty dog video. https://www.youtube.com/watch?v=B8ISzf2pryI.
24. Isso é uma adaptação livre de uma discussão do filósofo David DeGrazia: DeGrazia, D. (2009). Self-awareness in animals. In: Lutz, R. W. (Ed.). *The Philosophy of Animal Minds*. Cambridge, Inglaterra: Cambridge University Press, 201–217.

## Capítulo 6

1. Nietzsche, F. W. (1894). *Menschliches, allzumenschliches: ein Buch für freie Geister* (Vol. 1). C. G. Naumann. Traduzido deste trecho: "Die Presse, die Maschine, die Eisenbahn, der Telegraph sind Prämissen, deren tausendjährige Konklusion noch niemand zu ziehen gewagt hat."
2. A Capable Sheriff. (s.d.). capabilitybrown.org/news/capable-sheriff/.
3. Milesi, C., et al. (2005). A strategy for mapping and modeling the ecological effects of US lawns. *J. Turfgrass Manage*, 1(1), 83–97.
4. Ingraham, C. (4 de agosto de 2015). Lawns are a soul-crushing timesuck and most of us would be better off without them. *Washington Post*. washingtonpost.com/news/wonk/wp/2015/08/04/lawns-are-a-soul-crushing-timesuck-and-most-of-us-would-be-better-off-without-them/.
5. Brown, N. P. (março de 2011). When grass isn't greener. *Harvard Magazine*. harvardmagazine.com/2011/03/when-grass-isnt-greener.
6. Martin, S. J.; Funch, R. R.; Hanson, P. R.; Yoo, E. H. (2018). A vast 4,000-year-old spatial pattern of termite mounds. *Current Biology*, 28(22), R1292–R1293.
7. Santos, J. C., et al. (2011). Caatinga: the scientific negligence experienced by a dry tropical forest. *Tropical Conservation Science*, 4(3), 276–286.
8. Kenton, W., (2021) Conspicuous consumption. Investopedia. investopedia.com/terms/c/conspicuous-consumption.asp.
9. Reduce Your Outdoor Water Use. (2013). The U.S. Environmental Protection Agency. 19january2017snapshot.epa.gov/www3/watersense/docs/factsheet_outdoor_water_use_508.pdf.

## Notas

10. Miles, C., et al. (2005). Mapping and modeling the biogeochemical cycling of turf grasses in the United States. *Environmental Management, 36*(3):426–438. Christensen, A.; Westerholm, R.; Almén, J. (2001). Measurement of regulated and unregulated exhaust emissions from a lawn mower with and without an oxidizing catalyst: A comparison of two different fuels. *Environmental Science and Technology, 35*(11), 2166–2170.
11. Dados de 2011: epa.gov/sites/production/files/2015-09/documents/banks.pdf.
12. Kahneman, D. (2011). *Thinking, fast and slow*. Macmillan. Publicado no Brasil com o título *Rápido e Devagar: Duas formas de pensar*.
13. Ariely, D. (5 de maio de 2008). 3 main lessons of psychology. danariely.com/3-main-lessons-of-psychology/.
14. Johnson, E. J.; Goldstein, D. (2003). Do defaults save lives?. *Science, 302*(5649), 1338–1339. DOI: 10.1126/science.1091721.
15. Ariely, D. (10 de março de 2017). When are our decisions made for us? NPR. npr.org/transcripts/519270280.
16. Gangestad, S. W.; Thornhill, R.; Garver-Apgar, C. E. (2005). Women's sexual interests across the ovulatory cycle depend on primary partner developmental instability. *Proceedings of the Royal Society B: Biological Sciences, 272*(1576), 2023–2027.
17. Eberhardt, J. L.; Goff, P. A.; Purdie, V. J.; Davies, P. G. (2004). Seeing Black: Race, crime, and visual processing. *Journal of Personality and Social Psychology, 87*(6), 876–893. doi.org/10.1037/ 0022-3514.87.6.876.
18. Iyengar, S. S.; Lepper, M. R. (2000). When choice is demotivating: Can one desire too much of a good thing? *Journal of Personality and Social Psychology, 79*(6), 995.
19. Wasserman, E. (4 de agosto de 2020). Surviving COVID-19 may mean following a few simple rules. Here's why that's difficult for some. NBC News. nbcnews.com/think/opinion/surviving-covid-19-means-following-few-simple-rules-here-s-ncna1235802.
20. Cotton-Barratt, O., et al. (2016). Global catastrophic risks. A report of the Global Challenges Foundation/Global Priorities Project.
21. Global Risks. (s.d.). Global Challenges Foundation. globalchallenges.org/global-risks/.
22. globalzero.org/updates/scientists-and-the-bomb-the-destroyer-of--worlds/.

23. Robinson, E.; Robbins, R. C. Sources, abundance, and fate of gaseous atmospheric pollutants. Final report and supplement. Estados Unidos.
24. Cópias desse relatório estão disponíveis online com o nome "Energy and Carbon—Managing the Risks". Mais informações podem ser encontradas em Clark, M. (1º de abril de 2014). ExxonMobil acknowledges climate change risk to business for first time. *International Business Times*. ibtimes.com/exxon-mobil-acknowledges-climate-change-risk-business-first-time-1565836.
25. Dados podem ser encontrados em: Ritchie, H.; Roser, M. (2020). Energy. ourworldindata.org/energy. Quedas ocasionais nas taxas de extração parecem refletir a oferta de petróleo e as flutuações de preços, e não os esforços industriais para reduzir a extração decorrentes de uma política de mudança climática.
26. Global catastrophic risks 2020 (2020). Um relatório da Global Challenges Foundation/Global Priorities Project.
27. Thunberg, G. (25 de janeiro de 2019). "Our house is on fire": Greta Thunberg, 16, urges leaders to act on climate. *The Guardian*. theguardian.com/environment/2019/jan/25/our-house-is-on-fire-greta-thunberg16-urges-leaders-to-act-on-climate.
28. unfccc.int/news/full-ndc-synthesis-report-some-progress-but-still-a-big-concern.
29. Milman, O.; Witherspoon, A.; Liu, R.; Chang, A. (14 de outubro de 2021). The climate disaster is here. *The Guardian*. theguardian.com/environment/ng-interactive/2021/oct/14/climate-change-happening-now-stats-graphs-maps-cop26.
30. Citado por: Carrington, D. (28 de setembro de 2021). "Blah, blah, blah": Greta Thunberg lambasts leaders over climate crisis. *The Guardian*. theguardian.com/environment/2021/sep/28/blah-greta-thunberg-leaders-climate-crisis-co2-emissions.
31. Rourke, A. (2 de setembro de 2019). Greta Thunberg responds to Asperger's critics: "It's a superpower." *The Guardian*. theguardian.com/environment/2019/sep/02/greta-thunberg-responds-to-aspergers-critics-its-a-superpower.
32. Thunberg, G. (31 de agosto de 2019). "Quando os haters perseguem sua aparência e diferenças, significa que eles não têm outra opção. E, então, você sabe que está ganhando! Eu tenho Asperger, e isso significa que, às vezes, sou um pouco diferente do habitual. E — dadas as circunstâncias

Notas

certas — ser diferente é um superpoder. #aspiepower", em tradução livre. Twitter. twitter.com/GretaThunberg/status/1167916177927991296?.

## Capítulo 7

1. Nietzsche, F. W. (1892) *Zur Genealogie der Moral*. C. G. Naumann. Leipzig, Alemanha, 38. Traduzido deste trecho: "Alle Wissenschaften haben nunmehr der Zukunfts-Aufgabe des Philosophen vorzuarbeiten: diese Aufgabe dahin verstanden, dass der Philosoph das Problem vom Werthe zu lösen hat, dass er die Rangordnung der Werthe zu bestimmen hat."
2. Allen, M. (13 de julho de 1997). Reston man, 22, dies after using bungee cords to jump off trestle. *The Washington Post*. washingtonpost.com/archive/local/1997/07/13/reston-man-22-dies-after-using-bungee-cords-to-jump-off-trestle/f9a074b2-837d-4008-a0a7-687933268f62/.
3. Downer, J. (Autor) Downer, J. (Diretor). (2017). "Mischief" (Temporada 1, Episódio 4) *Spy in the Wild*. BBC Worldwide.
4. Roth, S., et al. (2019). Bedbugs evolved dibefore their bat hosts and did not co-speciate with ancient humans. *Current Biology*, 29(11), 1847–1853.
5. Hentley, W. T., et al. (2017). Bed bug aggregation on dirty laundry: A mechanism for passive dispersal. *Scientific Reports*, 7(1), 11668.
6. Para uma história sobre percevejos na América do Norte, veja: Doggett, S. L.; Miller, D. M.; Lee, C. Y. (Eds.). (2018). *Advances in the biology and management of modern bed bugs*. John Wiley & Sons.
7. Longnecker, M. P.; Rogan, W. J.; Lucier, G. (1997). The human health effects of DDT (dichlorodiphenyltrichloroethane) and PCBS (polychlorinated biphenyls) and an overview of organochlorines in public health. *Annual Review of Public Health*, 18(1), 211–244.
8. Pest control professionals see summer spike in bed bug calls. (s.d.). pestworld.org/news-hub/press-releases/pest-control-professionals-see-summer-spike-in-bed-bug-calls/.
9. DDT no longer used in North America. (s.d.). Commission for Environmental Cooperation of North America. cec.org/files/documents/publications/1968-ddt-no-longer-used-in-north-america-en.pdf.
10. DDT (Technical Fact Sheet, 2000). National Pesticide Information Centre. npic.orst.edu/factsheets/archive/ddttech.pdf.

11. Cirillo, P. M.; La Merrill, M. A.; Krigbaum, N. Y.; Cohn, B. A. (2021). Grandmaternal perinatal serum DDT in relation to granddaughter early menarche and adult obesity: Three generations in the child health and development studies cohort. *Cancer Epidemiology and Prevention Biomarkers, 30*(8), 1430–1488.
12. Researchers link DDT, obesity. (22 de outubro de 2013). *ScienceDaily*. Universidade Estadual de Washington. sciencedaily.com/releases/2013/10/131022205119.htm.
13. Sender, R.; Fuchs, S.; Milo, R. (2016). Revised estimates for the number of human and bacteria cells in the body. *PLoS biology, 14*(8), e1002533.
14. Essa é a melhor estimativa possível: Stephen, A. M.; Cummings, J. H. (1980). The microbial contribution to human faecal mass. *Journal of Medical Microbiology, 13*(1), 45–56.
15. Planet bacteria (26 de agosto de 1998). BBC. news.bbc.co.uk/2/hi/science/nature/158203.stm.
16. Brochu, C. A. (2003). Phylogenetic approaches toward crocodylian history. *Annual Review of Earth and Planetary Sciences, 31*(1), 357–397.
17. Dinets, V. (2015). Play behavior in crocodilians. *Animal Behavior and Cognition, 2*(1), 49–55.
18. Dinets, V.; Brueggen, J. C.; Brueggen, J. D. (2015). Crocodilians use tools for hunting. *Ethology Ecology & Evolution, 27*(1), 74–78.
19. Huntley, J., et al. (2021). The effects of climate change on the Pleistocene rock art of Sulawesi. *Scientific Reports* 11, 9833.
20. Balcombe, J. (2006). *Pleasurable kingdom: Animals and the nature of feeling good*. St. Martin's Press.
21. Balcombe, J. (2009). Animal pleasure and its moral significance. *Applied Animal Behaviour Science, 118*(3-4), 208–216.
22. Bentham, J. (1970). *An introduction to the principles of morals and legislation* (1789). J. H. Burns e H. L. A. Hart (eds.). Publicado no Brasil com o título *Uma Introdução aos Princípios da Moral e da Legislação*.
23. Slobodchikoff, C. N.; Paseka, A.; Verdolin, J. L. (2009). Prairie dog alarm calls encode labels about predator colors. *Animal Cognition, 12*(3), 435–439.
24. Zuberbühler, K. (2020). Syntax and compositionality in animal communication. *Philosophical Transactions of the Royal Society B, 375*(1789), 20190062.

25. Benson-Amram, S.; Gilfillan, G.; McComb, K. (2018). Numerical assessment in the wild: Insights from social carnivores. *Philosophical Transactions of the Royal Society B: Biological Sciences, 373*(1740), 20160508.
26. Bisazza, A.; Piffer, L.; Serena, G.; Agrillo, C. (2010). Ontogeny of numerical abilities in fish. *PLoS One, 5*(11), e15516.
27. Chittka, L.; Geiger, K. (1995). Can honey bees count landmarks? *Animal Behaviour, 49*(1), 159–164.
28. UN Report: Nature's dangerous decline "unprecedented"; Species extinction rates "accelerating." (6 de maio de 2019). Nações Unidas. un.org/sustainabledevelopment/blog/2019/05/nature-decline-unprecedented-report/.
29. Roser, M.; Ritchie, H. (2013). Hunger and undernourishment. ourworldindata.org/hunger-and-undernourishment.
30. Roser, M.; Ortiz-Ospina, E.; Ritchie, H. (2013). Life expectancy. ourworldindata.org/life-expectancy.
31. World report 2019: Rights trends in Central African Republic. (2019). Human Rights Watch. hrw.org/world-report/2019/country-chapters/central-african-republic.
32. Weintraub, K. (2018). Steven Pinker thinks the future is looking bright. *The New York Times*. nytimes.com/2018/11/19/science/steven-pinker-future-science.html.
33. Pinker, S. (2019). Steven Pinker: what can we expect from the 2020s? *Financial Times*. ft.com/content/e448f4ae-224e-11ea-92da-f0c92e957a96.
34. Nietzsche, F. W. (1997). *Untimely Meditations*, trad. R. J. Hollingdale. Publicado no Brasil com o título *Considerações Extemporâneas*.

## Epílogo

1. Frasch, P. D. (2017). Gaps in US animal welfare law for laboratory animals: Perspectives from an animal law attorney. *ILAR Journal, 57*(3), 285–292.
2. Nietzsche, F. W. (1894). *Jenseits von Gut und Böse: Vorspiel einer Philosophie der Zukunft* (Vol. 1). Naumann. Traduzido deste trecho: "Was aus Liebe gethan wird, geschieht immer jenseits von Gut und Böse."

# ÍNDICE

## A

adenosina, 92
afantasia, 165
África, 24–26, 38, 45
Agência de Pesquisa da Internet, 77
aicmofobia, 56
Aihei, Hashizume, 111, 139
Akeakamai (golfinho), 64
albatroz, 137
Anderson, James, 102
Andrews, Kristin, 118
antropomorfismo, 85
aprendizagem associativa, 31–39, 45, 159, 218
aptidão cognitivo-linguística, 236
Ariely, Dan, 188
aspectos cognitivos benéficos, 222
atalho evolutivo, 57
atenção consciente, 169
Atkinson, Jenny, 84
autoconsciência, 161, 171–174, 185
Avicena, 42

## B

bactérias, 216
Bagemihl, Bruce, 137
Balcombe, Jonathan, 223
Balthazart, Jacques, 136
bananas, 183–185, 228
Barcia, Eric, 207–221
Barron, Andrew, 157
Bastos, Amalia, 154
Baum, Mark, 16
Bayano River Syndicate, 70–71
Becker, Ernest, 106
Bentham, Jeremy, 224
Bergstrom, Carl T., 78
Bischof-Köhler, Doris, 96
Bolton, John, 54
bonobos, 66, 138–141
boodie, 31
Brafman, Ori, 188
Brendan, 220, 223
Brosnan, Sarah, 121
Brower, Danny, 104
Brown, Lancelot "Capability", 177–185

# Índice

Bruce (papagaio), 154-156, 171
Brumm, Dr. Adam, 27
bullshiting, 74. *Consulte* lorota
Burry, Michael, 16
Byrne, Richard W., 60

## C

caatinga, 179
Campbell Scott, Duncan, 133
câncer, 46-47, 215
capacidade
  cognitiva, 6, 89, 161, 172-175, 208, 217-219
  de mentir, 54, 173, 226
  de negação, 105
    da morte, 108
  humana de
    cooperação, 136
    decepção, 226
Cardinal-Aucoin, Michael, 91
causa e efeito, 22, 28, 200, 209
causalidade, 33-43
cavernas Hohlenstein-Stadel, 27
Chaplin, Charlie (filmes), 68
Chittka, Lars, 156
Christy, Robert, 198, 201
ciência, 221, 228
Clark, William, 95
Clayton, Nicola, 99
cognição
  animal, 215, 243
  complexa, 156, 218
  humana, 215

Colbert, Stephen, 75
comportamento, 242
  complexo, 174
  da planta, 28
  fraudulento, 53
  intencional, 153, 159
  por instinto inflexível, 243
compreensão
  causal, 35
  da passagem do tempo, 242
comunicação, 55-64
condicionamento
  clássico, 46
  operante, 185-186
Copérnico, 221
corazonina, 159
Corballis, Michael, 94
crocodilianos, 217
cromatóforos, 61
cultura, 39, 221

## D

Dahl, Gary Ross, 65. *Consulte* Pet Rock
Daniels, Isaac, 128
Darwin, Charles, 29, 86
Declaração de Cambridge sobre Consciência Animal, 151-161, 170
Denisovanos, 26
Descartes, René, 160
de Waal, Frans, 115, 121, 168

dióxido de carbono, 49, 180, 199–200
dissimulação, 56–70, 81
dissonância cognitiva, 2, 181, 204
Drake, Frank
   equação de, 7
Duhigg, Charles, 188

# E

Einstein, equação de campo de, 227
endorfina, 160, 185, 210
engano, 60–62
eventos aleatórios e fortuitos, 21
evidência comportamental, 152–154
experiência
   consciente, 164, 176
   subjetiva, 148, 156, 184, 242

# F

falsa crença, 66
fatos mortos, 33, 37, 64, 72
felicidade, 146, 193–194, 230–232
Fino, Davide, 2
Fischer, Julia, 45
Förster, Bernhard, 10
Förster-Nietzsche, Elisabeth, 9–12
Frankfurt, Harry, 74
fundos hedge, 18

# G

Galeno, 42
GameStop, 17–21
genes do relógio, 92
genocídio, 12, 107

cultural, 130–132
Giles, Deborah, 85
Gladwell, Malcom, 187
Goldstein, Daniel, 188
Gray, John, 233
Green, Dra. Jody, 212
Greenwood, Sally, 51

# H

habilidades cognitivas, 32, 63, 143, 198, 243
Hall, Jeffrey C., 93
Hansen, Dr. James, 200
Heinrich, Bernd, 34
heurística, 163, 186–189
Hitler, Adolf, 11
homofobia, 139
homossexualidade, 136–139
Howard, Jules, 85
Hrdy, Sarah Blaffer, 134
Hsu, Ming, 121
humores, 42–44
humorismo, 41

# I

imortalidade, 107
improvisação, 161, 168, 192
inferência, 31–41, 65, 120, 185, 209–214, 243
informações, 55–56, 162
inteligência, 5–10, 29, 208, 220, 232
intencionalidade, 124–125, 159

# Índice

**J**
jardins, 177
Jefferson, Thomas, 178
Johnson, Eric, 188

**K**
Kahneman, Daniel, 163, 187
King, Barbara J., 86
Kivinen, Kari, 79
Klein, Colin, 157
Koretz, Leo, 70

**L**
Lago Baringo, 23, 38
Langer, Susanne, 164
Left, Andrew, 17
Lehrer, Jonah, 188
Levine, Timothy R., 72
LGBTQ+, 139-143
linguagem, 39, 69-73, 81, 123, 142, 175, 221-226, 243
lorota, 74-77
Lovelace, Ada, 221
Lucy (cachorro), 30, 36, 218-219
luto, 83-89, 150

**M**
Macdonald, John Alexander, 127, 131
Malkiel, Burton, 21
Marconi, 8
Marshall, Barry J., 44
matemática, 148, 175, 221, 227-231

McCaskill, Mike, 15, 20, 50
McCoy, Keith, 202
melatonina, hormônio, 92
mente humana, 208, 227
mentira, 54-82
metacognição, 174-175
método científico, 43-44, 228
Miller, Seamus, 52
Millikan, Ruth Garrett, 33.
    *Consulte* fatos mortos
Mill, John Stuart, 224
mimetismo, 56
miopia prognóstica, 181-206, 214, 219, 233-235.
    *Consulte* dissonância cognitiva
Monsó, Dra. Susana, 87
Montague, Read, 188
moralidade, 115-127, 142-143, 219
    senso de, 73
morte, 9-12, 83-90, 100-110, 113-118
Morton, Samuel George, 48
mudanças climáticas, 50, 234
Muirhead, Russell, 77

**N**
Nagel, Thomas, 148
Natua (golfinho), 174
Neandertais, 26
necroforese, 87
neurociência afetiva, 167
Nietzsche, Friedrich Wilhelm, 4, 90, 182, 235

## O

Oakes, Russell, 51, 57
Obama, Barack, 16
Ohlendorf, Otto, 132
orientação sexual, 136
Orlando (gato), 19, 50
osteopatia, 52
Osvath, Mathias, 98

## P

Pachter, Michael, 17
padrões morais, 173
Panksepp, Jaak, 167, 169.
    *Consulte* neurociência afetiva
paradoxo do excepcionalismo, 215, 219, 225, 231
Pasteur, Louis, 29
pavor niilista, 109
Peck, C. L., 71
pensamento, 4, 81, 126, 175, 187, 215, 233
percevejos, 211–218
Período Chibaniano, 23
Peterson, Dale, 134
Petrocelli, John, 80
Philip Morrison, 8
Pinker, Steven, 233
poligenismo, 48
Ponzi, Charles, 70
previsão episódica, 95, 109, 161, 164, 182, 185, 192, 197, 213
progênie hipotética, 197
Prognostitron, 193–196
proteínas PER, 92. *Consulte* genes do relógio

## Q

qualia, 149, 162, 164, 176, 223, 244

## R

raciocínio, 35, 136–144, 182
racismo científico, 49
Reddit, 18
regularidade normativa, 118
repertório comportamental, 59
Ricard, Matthieu, 230
Robbins, R. C., 199
Robinson, Elmer, 199
Rosbash, Michael, 93
Rosenblum, Nancy L., 77
Rose, Samuel, 131

## S

sabedoria da morte, 106, 236, 243. *Consulte* saliência da mortalidade
Sagan, Carl, 80
saliência da mortalidade, 89, 103
Santino (chimpanzé), 97, 209
Schloegl, Christian, 45
seleção natural, 30, 218, 243
Shohat-Ophir, Galit, 159
simbolismo religioso, 27.
    *Consulte* teriantropos
sinalização aposemática, 55–56
sistema normativo, 141–143
sistemas

afetivos, 167
cognitivos, 164-172, 185
Skinner, Michael, 215
Spearman, Charles Edward, 6
Star Trek, 232-237
Steiner, Rudolf, 11
Stewart, Potter, 8
Suddendorf, Thomas, 94
suicídio, 108-110
Sulawesi, Indonésia, 26
supremacia branca, 49.
*Consulte* racismo científico

## T

Tahlequah (orca), 83
tanatologia, 86, 101
técnica de manipulação comportamental, 185
teia de possibilidades, 32, 37
Templer, Klaus, 76
teoria da mente, 66-69, 81, 120, 142, 161, 173, 190, 217, 232, 243
teoria da verdade-padrão, 72
teriantropos, 27, 219
Thaler, Richard H., 188
Thunberg, Greta, 202
tomada de decisão, 23, 168, 175, 185, 242
  capacidades de, 213
  pontos cegos de, 235
  subconsciente e instantânea, 186. *Consulte* miopia prognóstica

Tomasello, Michael, 32, 123
tookottsi, 95
traços cognitivos, 13, 22
transtornos de humor, 108

## U

utilitarismo, 225
utopia, 232-236

## V

Varki, Ajit, 104
viagem mental no tempo, 94-96, 185, 211
vieses cognitivos, 188
Visalberghi, Elisabetta, 32

## W

wallstreetbets, 19
Warren, J. Robin, 44
Washington, George, 178
Wasserman, Edward, 196
West, Jevin, 78
Westra, Evan, 118
Whiten, Andrew, 60
Wrangham, Richard W., 134

## Y

Young, Michael W., 93

## Z

Zentall, Thomas, 196